蜈蚣高效养殖与加工技术

主　编　印文俊　胡庆华
副主编　刘玉霞　袁　柱
编　委　范雪莹　宁二中　宋师波
　　　　白雪健　邹兴淮　闫　艳
　　　　吕凤娇

科学技术文献出版社
SCIENTIFIC AND TECHNICAL DOCUMENTATION PRESS

图书在版编目（CIP）数据

蜈蚣高效养殖与加工技术 / 印文俊，胡庆华主编. —北京：科学技术文献出版社，2011.10（2025.4重印）

ISBN 978-7-5023-6986-6

Ⅰ. ①蜈…　Ⅱ. ①印…　②胡…　Ⅲ. ①蜈蚣—养殖　②蜈蚣—加工　Ⅳ. ① S899.9

中国版本图书馆 CIP 数据核字（2011）第 169443号

蜈蚣高效养殖与加工技术

策划编辑：孙江莉　责任编辑：马永红　责任校对：赵文珍　责任出版：张志平

出 版 者　科学技术文献出版社
地　　址　北京市复兴路15号　邮编 100038
编 务 部　（010）58882938，58882087（传真）
发 行 部　（010）58882868，58882870（传真）
邮 购 部　（010）58882873
官方网址　www.stdp.com.cn
发 行 者　科学技术文献出版社发行　全国各地新华书店经销
印 刷 者　北京虎彩文化传播有限公司
版　　次　2011 年 10 月第 1 版　2025年 4 月第 5 次印刷
开　　本　850 × 1168　1/32
字　　数　132千
印　　张　5.5
书　　号　ISBN 978-7-5023-6986-6
定　　价　14.00元

前　言

蜈蚣作为我国传统名贵药材入药历史悠久，早在2000年前就被人们认识并加以利用。我国古今医药名著均把蜈蚣列为解毒、镇痛、克癌、治痛的重要原料药物，但随着农药、化肥的广泛使用以及生态环境污染的影响，蜈蚣的生存环境遭到破坏，野生蜈蚣的种群数量急剧减少，市场供不应求，价格急剧攀升。

近年来随着社会物质文明的进步，蜈蚣作为治疗、保健佳品，备受人们关注。除作为传统的中药材外，蜈蚣相关的保健品也相继问世，同时作为食品也走上了各大城市宾馆饭店的餐桌，致使蜈蚣用量急剧上升，造成药材公司、制药厂、宾馆饭店、外贸出口的供需矛盾突出。因此，人工养殖蜈蚣不仅是缓解供需矛盾的必由之路，也为人们提供了一条致富的新途径。

蜈蚣养殖同样是一种投资行为，任何投资行为都存在一定的风险，而且一个项目的发展需要一定的周期，在项目发展过程中还会出现一系列的技术和管理问题。人工养殖蜈蚣是一个有技术性的特种养殖项目，需要养殖户购买相关书籍、参加培训和参观养殖场、了解并掌握蜈蚣的生活习性及活动规律。引种时除到正规场家引种、做好相应的准备工作外，初养规模不宜太大。蜈蚣数量太少，管理成本相对较高。大多养殖户则由于经验不足易造成管理不善而导致意外损失。平时还要多留心、多观察、多记录、多想办法。在这里告诫养殖户在刚刚涉足蜈蚣养殖时，那种不顾规模、不顾技术掌握程度而梦想一举成功的做法是要不得的，应当身体力行、脚踏实地一步步从小做起，逐步积累经验。

本书编写成员在编写过程中收集了大量资料的同时，并深入蜈蚣养殖场，认真整理蜈蚣养殖经验后编写了本书，力争为我国蜈蚣养殖事业做出些许贡献。在此对编写过程中参考了相关资料的原作者表示感谢。但由于编者的实践经验和理论水平有限，书中不妥和错误之处敬请有关专家及读者批评指正。

目　　录

第一章　蜈蚣养殖概述

蜈蚣俗称天龙、百脚虫、百足虫，属节肢动物门、唇足纲、整形目、蜈蚣科、蜈蚣属、蜈蚣种。见图 1-1。

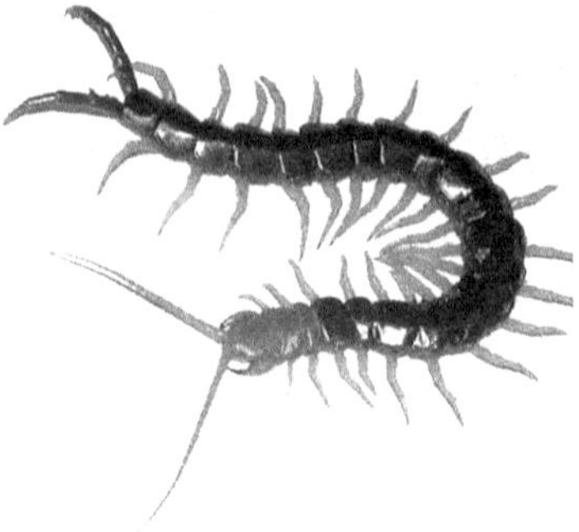

图 1-1　蜈蚣

蜈蚣作为我国传统名贵药材入药历史悠久，早在 2000 年前就被人们认识并加以利用，具有熄风镇痉、攻毒散结、通络止痛之功能，常用于治疗乙性脑炎、阳痿、百日咳、头痛、癫痫、面部神经麻痹、口眼歪斜、半身不遂、风湿、破伤风、湿疹、皮肤病、疮毒等。蜈蚣还是人参再造丸、大活络丹、牵正散等 30 多种中成药的重要原料。近代研究表明，蜈蚣毒素对大鼠中枢神经系统的溶血作用，能使小白鼠精原细胞发生坏死、消失，说明对瘤细胞有抑制作用，因此蜈蚣毒素近年来用于消化系统肿瘤癌症表现了较好的疗效。

除药用外，蜈蚣也是一种时尚的食用营养品，逐渐被广大的消费者所认可，可炸、可煎、可烤，也可煲汤。随着生活水平的提高，再加之人们对自身保健意识的增强，许多人的目光已从食用营养补品投向保健食品，而蜈蚣作为美味佳肴已成为各大宾馆、酒店、大排档的一道名菜，并深受中外宾朋的青睐。

人工养殖蜈蚣的技术不难掌握，男女老幼都能干。较之其他家庭副业人工养殖投资小(家庭养殖蜈蚣一般投资小，它所需的建窝材料很简单，破砖烂瓦或土坯块均可)，人工养殖蜈蚣占地面积小(蜈蚣窝占地很小，家庭院落等空地都能养)，饲养管理方便(只要细心观察，掌握其活动规律，蜈蚣的管理就容易掌握)，不误工(蜈蚣活动比较有规律，它白天潜伏，晚上活动吃食，白天一般不占用人工，晚上吃食活动进行管理就行，而且不需要白天喂食，所以人工养殖蜈蚣不占用劳力、不误工)，并且蜈蚣的活饵料黄粉虫、蚯蚓、蝇蛆、地鳖虫等也可人工养殖。因此发展人工养殖蜈蚣，既能解决市场的供需矛盾，又是一项农村致富的养殖业。

第一节　蜈蚣的形态特征

历代本草记载的药用蜈蚣经验证都是由少棘蜈蚣炮制而成的。但近年来，随着各地药用动物资源的开发和利用，多棘蜈蚣、模棘蜈蚣、哈氏蜈蚣、马氏蜈蚣也已加工成为药用蜈蚣。因此，现在的药用蜈蚣成品由少棘蜈蚣、多棘蜈蚣、模棘蜈蚣、哈氏蜈蚣和马氏蜈蚣加工配制而成。

一、蜈蚣的外部形态

蜈蚣虫体由头部及躯干部两部分组成，背腹扁平呈带形，左右对称。在功能上，头部为感觉和摄食的中心，躯干部为运动中心。

1. 少棘蜈蚣

少棘蜈蚣(彩图1)体长110毫米。头部扁平近圆形,前端略窄而突出,长度为躯干第一背板的1.5～2.5倍。头板最前端有1对灵敏的触角。单眼4对着生在触角基部两侧。

头板和第一有足体节的背板,呈红色。它与墨绿色或黑褐色的其他背板显然不同。步足多为黄色,最末步足多呈赤褐色;也有步足都呈赤褐色的个体。头板无纵沟线。触角分17节,基部的6节无细密的绒毛。颚齿为5+5(即左、右齿板上各有5个小齿),每侧有5个小齿,常有一间隙。背板上的纵沟线,由第四至第九背板开始,至第二十背板;最末的背板无沟线。第二至第十九胸板有纵沟线。体部背板两侧的棱缘,从第五至第九背板开始,至最末背板。第二十步足和前面步足一样,都有一跗刺。基侧板突起的末端,常有2个小棘,也很少有1个或3个小棘的。

最末步足(即第二十一步足)无跗刺。它的前股节腹面外侧有2个棘,而内侧有1个棘。在前股节背面内侧有1个棘。隅棘上具有2个小棘。

雄性生殖区前生殖节胸板两侧有细小的生殖肢(图1-2)。

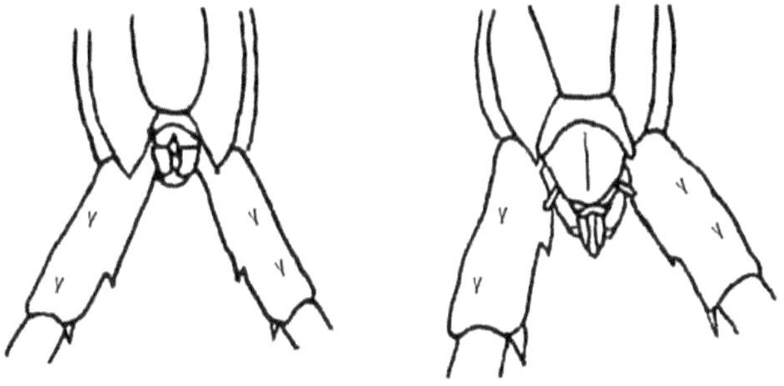

图1-2　少棘蜈蚣雄雌区别

少棘蜈蚣主要分布在我国湖北、浙江、江苏、安徽、江西、四川、河南、陕西、湖南、广西、广东、贵州、云南等地。主产于湖北随州、应山、京山、钟祥、宜昌、当阳、老河口、襄阳、枣阳、南漳、安陆、郧县、松滋、枝江、枝城，浙江岱山、普陀、定海，江苏盱眙、江浦、宜兴，安徽滁县、六安、巢湖等地。

2. 多棘蜈蚣

多棘蜈蚣（彩图 2）的体长达 155 毫米。头板和第一有足体节的背板颜色，比少棘蜈蚣的深，呈玫瑰红色，与棕褐色的其他背板显然不同。步足为棕红色。触角为 18 节，基部 6 节无细密的绒毛。颚齿为 6+6。背板纵沟线，大多从第二背板开始，直至第二十背板。最末背板则无沟线。胸板纵沟线从第二胸板开始，至第二十胸板，但很不明显。身体两侧的棱缘从第十至第十四背板开始，直至最末背板。

第一至第十九步足有跗刺，第二十步足和最末步足无跗刺。基侧板突起末端常有 3 个小棘，很少有 2 个小棘的。最末的步足，较少棘蜈蚣粗壮，前股节的腹面外侧有 2 个棘，或有 3 个棘，而内侧有 2 个棘；背面内侧有 2 个棘；隅棘末端有 3 个小棘，也曾发现有 2 个小棘的个体。

雄性生殖区前，生殖节胸板两侧无生殖肢，与模棘蜈蚣、少棘蜈蚣和哈氏蜈蚣（都有生殖肢）不同。

多棘蜈蚣分布在广西地区的个体数量很多，在海南省、湖北省宜昌、浙江省丽水也有发现。

3. 模棘蜈蚣

模棘蜈蚣（彩图 3）体长达 160 毫米。大多呈单一的褐色或黄褐色。有时头板和第一有足体节的背板，比橄榄褐色的其他背板光亮些。头板无纵沟线。触角由 18 节组成，基部的 6 节无细密的绒毛。颚齿为 5+5，或 6+6，也有 2～3 个小齿相互愈合为一个大钝齿的。第一背板无沟线，背板纵沟线由第二至第六背板开始，直至第二十背板，最末背板无沟线。第二至第十九胸板有纵沟线。身体两侧的棱缘由第七至第十背板开始，直至最末背板。

第一至第二十步足有一跗刺，最末步足无跗刺。基侧板突起末端有2个小棘，很少有1个或3个小棘的。腺孔区扩展到背缘。

最末步足前股节的腹面外侧有1个棘，背面内侧有1个或2个棘，隅棘末端有2个小棘，很少有1小棘的。

模棘蜈蚣分布在我国台湾、云南南部、广东等地。

4. 哈氏蜈蚣

哈氏蜈蚣(彩图4)的体长为150毫米，最长的可达200毫米。全体呈褐色或头板和第一有足体节的背板为红色，而其他背板为褐色。步足呈浅褐色。触角分18节，基部6节无细密的绒毛。颚齿为6+6。背板纵沟线多从第四背板开始，直至第二十背板；胸板纵沟线从第二至第二十胸板，最末体节的基侧板突起末端有2个小棘，也有一侧突起末端有1个或3个小棘的个体。

第一至第十九步足各有一跗刺，第二十步足也有一跗刺。最末步足前股节的腹面外侧无棘，而内侧仅有1个棘；前股节的背面内侧有1个棘，也有少数个体一侧为1个棘，而另一侧为2个棘的。隅棘末端为2个小棘。

雄性生殖区前生殖节胸板两侧有细小的生殖肢。

哈氏蜈蚣在我国广东、广西、云南等地都有分布，而海南省的个体数量较多。

5. 马氏蜈蚣

马氏蜈蚣的体长可达90毫米。幼体呈蓝绿色，仅头的前半部呈红褐色。成体的头板和第一步足体节的背板呈棕红色，第二步足体节的背板呈深绿色，而其他背板呈灰褐色；背板的后缘有一绿色条纹。步足为黄褐色。

头板有一条细长的纵沟线。触角分 17 节，基部为 5 节，无细密的绒毛。颚齿各有 5 个或 6 个小齿。背板纵沟线从第二背板开始至第二十背板，第二十一背板无沟线。胸板纵沟线从第二胸板开始，直至第十九胸板。身体内侧的棱缘从第五至第十背板开始，直至第二十一背板，最末体节的基侧板突起，末端通常只有 1 个小棘。

第一至第十九步足各有一跗刺，第二十步足也有一跗刺。最末步足前股节的腹面有 6 个棘，呈 3 行，每行各有 2 个棘，背面内侧各有 1 个棘。隅棘末端有 2 个小棘。

雄性生殖区前生殖节胸板两侧无生殖肢。

马氏蜈蚣主要产于西藏。

二、蜈蚣的内部构造

蜈蚣体内各系统与其他陆生节肢动物的相同，包括肌肉、消化、循环、呼吸、神经和生殖等系统。

1. 肌肉系统

蜈蚣肌肉系统起源于胚胎早期的中胚层，由横纹肌组成。但是，它们不像蚯蚓那样，只能由肌纤维形成的肌肉层作简单的伸缩运动。而蜈蚣的肌纤维呈束状，肌肉束的端点固着在几丁质内壁的固着点上，成为系列的肌序，在神经纤维的支配下，可作各种随意的复杂运动。

最简单的肌序在触角上，可以发现肌肉的一端固着在某一触角节的近侧缘，另一端则固着在前一触角的近侧缘，按照这种方式节节相连。如果弯曲的时候，这个简单的肌肉系统也要在神经支配下发生相互对立的拮抗作用。

蜈蚣步足本身的肌序（不包括步足与体节之间的肌肉束），包括举肌和下掣肌，还可以看到肌肉束一端有一肌腱，肌腱的末端固着在跗节末端的固着点上。

躯干部的肌肉系统十分复杂，它的复杂性是与蜈蚣类似蛇爬行的运动方式相适应的。

2. 消化系统

消化系统由消化道和消化腺组成。食物从口腔进入消化道，经机械作用和化学分解过程，才能够被蜈蚣吸收和利用。

蜈蚣消化道简单，从口到肛门为一条纵贯身体中央的直管道，口后为膨大的咽，它的收缩有利于吸吮食物。咽后的消化道为前肠、中肠及后肠三部分。前肠及后肠都很短，中肠却很长。前肠主要起着接受、运送及初步消化食物的作用。中肠是食物消化及吸收的主要场所。后肠担任形成粪便及运送至尾节的肛门排出体外的任务。

消化腺为一对葡萄状的唾液腺，通过唾液管开口于前肠，唾液腺能分泌含有消化酶的唾液，能够湿润及初步分解食物。

3. 呼吸系统

蜈蚣以气管系统进行呼吸。气管是体壁内陷而成的弹性管状构造，壁上具有几丁质的螺旋丝，可支撑气管以利于气体流通。气管有许多分支，分布在体内体壁的细胞与组织之间。

气管在身体两侧有气门与外侧相通，它是气管形成时留下的陷口，蜈蚣共有气孔 6 对，分别在第 4 节、第 6 节、第 9 节、第 13 节和第 15 节，其他各节都退化了，仅保留一点痕迹。各气门有关启装置，使气门可开闭，开启时气体出入无阻，闭合时可防止体内水分蒸发及外物入侵。

4. 循环系统

蜈蚣的循环系统为开管式循环，但比较发达，管状的心脏在消化管的背方，贯通躯干部，并有围心膜包围，由后向前进入头动脉通向头部各个器官。除前行的背血管外，还有一对侧动脉包围了消化管并在消化管的腹面汇合成神经上血管，这些血管有分支进入血腔。

蜈蚣除末端几节外，在每节有一对心孔，心孔为血液从血窦进入心脏的开孔。

5. 排泄系统

蜈蚣的排泄气管为马氏管，它是着生在中后肠交界处的不分支的盲管。马氏管的盲端游离在血腔中，并自血液中吸取代谢所产生的废物，把它送入后肠，经后肠重新吸收水分后，由肛门连同粪便排出体外。

6. 神经系统

蜈蚣的神经系统和蚯蚓的相似，属链状神经系，包括 1 个脑神经节，由神经分布到触角和眼，有 2 条神经连接食道下神经节，食道下神经节有神经连接大颚、2 对小颚和颚足。此后则为 2 条后行的腹神经索和每节一对神经节，随体节的愈合神经节也愈合，每对神经节又发出神经到每个体节，以调节身体的活动。

7. 生殖系统

蜈蚣为雌雄异体，虽然在蜈蚣外形上不容易区分，但在解剖它们的内脏时，两性的生殖系统却是显然各不相同的。

(1)雌性生殖系统：由卵巢、输卵管、副腺和纳精囊四个主要部分组成。

①卵巢：位于消化道的背面，是一根瘦长的圆筒状的生殖器官。成体的卵巢内壁有许多白色球状的胚细胞，进一步发育成具有丰富卵黄的卵细胞，产生胚细胞的卵巢内壁为胚表皮。

②输卵管：与卵巢后端相连通，并无明显的界限。在输卵管的

尾部分成两支，把后肠包围起来，并在后肠的下面再合成一根。输卵管的开口是生殖孔。

③副腺和纳精囊：蜈蚣的纳精囊仅有1对。而纳精囊的副腺在蜈蚣目种类中，都是1对。

(2)雄性生殖系统：由精巢、输精管、贮精囊、副腺和附属物组成。精巢由身体前部一直排至后部，大体上排成两行；每个精巢由2条细精管连通纵行在中央的单根输精管上。单根的输精管下端与肌肉发达的射精管相连，而射精管的末端向体外开口。

在输精管内常有若干椭圆形的精胞，精胞内有无数精子。射精管末端有2对副腺与它相连通。

第二节 蜈蚣的生活习性

人工养殖蜈蚣时，要根据其生活习性，尽量模拟野生环境，以满足其对生活环境的要求。

1. 活动特性

野生蜈蚣主要生活在多石少土的低山地带，平原地区只有少量分布。每年惊蛰后，气温转暖，蜈蚣冬眠苏醒，开始出土活动，善居于阴湿的杂草丛中或乱石沟里。从芒种到夏至，随着气温逐渐升高，它又渐渐移到阴凉的壕沟、坟地、田埂或土坎的缝隙之中，避过炎热的白天。到了晚秋季节，则又多栖于背风向阳的松土斜坡之下或树洞、树根较暖的地方。总之，蜈蚣畏光羞明，昼伏夜出，喜欢在阴暗、潮湿、温暖、通风的洞穴中生活。

在夏季活动旺盛的季节里，可以观察到蜈蚣昼伏夜出的特性。白天，尽管蜈蚣也在窝内活动，但往往不离开窝到外面去采食，晚上 20～23 时是蜈蚣活动的高峰，天亮以后就难以见到蜈蚣了。这是蜈蚣适应自然的结果。因为在夏天夜里昆虫静止的多，活动的少，容易捕捉。再者晚上活动相对比较容易避开天敌的攻击和人的干扰。

蜈蚣虽有 8 只单眼，但视力弱，尤其是白天视力极差。单独活动直至到触角相碰才绕道而行，各自回避。其活动的特点是夜间活动多，白天活动少；气温高于 25℃时活动多，10～15℃时活动少；10℃以下活动更少甚至停止活动；天气闷热、雨后的夜晚活动多，气温低的夜晚活动少；无风或微风的夜晚活动较多，大风(风力在六级以上)的夜晚活动少；雨后活动多，雨天的晚上活动少。

由此可见，蜈蚣活动的频率与气温、气压、相对湿度、降雨量和光照强弱等气象因素都有密切的关系。所以，人工养殖蜈蚣时要注意以上气象因素对其生活的影响。同时蜈蚣钻缝能力很强，能顺利钻过岩石、土坎等的隙穴，并能栖息在这些缝隙中。因此，人工养殖一定要做好相应的防逃措施。

2. 自相残食性

在蜈蚣生活密度过大或惊扰较多的情况下，容易引起相互残杀而死亡。但在饲养条件下，随着生活环境和饲养条件的改善，如提供足够的新鲜饵料和水源，尽量避免对它的惊扰，即使养殖密度较大，对其生活也无多大影响。尤其是同一母体所产的蜈蚣因自幼在一起生活，长大后就是几十条蜷伏在一起，也能和睦共居。所以提供足够新鲜饵料和水源，保持安静的环境，是人工养殖蜈蚣的必备条件之一。

3. 食性与捕食特性

蜈蚣为典型肉食性动物，性凶猛，食物范围广泛，以各种昆虫及其幼虫和卵粒等为主要食物，尤喜食小昆虫。野生蜈蚣所食的昆虫有蟋蟀、蝗虫、金龟子、蝉、蚱蜢以及各种蝇类、蜂类，甚至可攻噬蚯蚓、蜘蛛、蜗牛以及比自己身体大得多的蛙、鼠、雀、蜥蜴及蛇类等。在早春食物缺乏时，也可食少量青草和苔藓的幼嫩芽。人工养殖时，常以黄粉虫、蚯蚓、蝇蛆、地鳖虫等喂食，以猪肉、杂骨、蛋类、泥鳅、虾、蟹、鼠等作补充，并且均要求食物新鲜。

蜈蚣捕食时，先摆动其灵敏的触角探索、寻觅，一旦发现食物，立即猛扑，迅速用毒颚钳住，并用身体前面的几对步足将食物抱紧。当捕获食物（如活昆虫等）被蜈蚣毒液麻痹失去抵抗力后，蜈蚣即选择其较松软的部位，用大颚撕咬、切割，同时用小颚不断扒动并吞食。

4. 繁殖特性

蜈蚣为卵生，雌体有孵卵育幼习性。蜈蚣繁殖期为 6 月中旬至 8 月中旬，产卵时间为 6 月中旬至 7 月上旬。成熟雌体每年产卵 1 次，个别也有产卵 2 次的现象。产卵前，雌体寻找、选择安全而适宜场所筑巢；其巢一般选筑在背风向阳、土质潮湿松软而不渍水的石块或瓦片下面。蜈蚣筑巢时，先用毒颚、口器和步足将土扒开，边扒边转身，用步足和身体将土向外推移，巢筑成后，常用松土从内部将巢口封闭，少数不封口。巢多呈椭圆球状，高约 4 厘米，直径 6～8 厘米，横径 45～55 厘米，离地表 3～30 厘米不等，最深不超过 100 厘米。

蜈蚣雌体每次产卵数量不等，平均为 40 粒。产卵后，有抱卵孵化的特性。一般幼体孵化出的时间为 16～17 天，刚孵出的蜈蚣幼体无独立生活能力，仍需母体怀抱保护下生活约 1 个月，然后母体方弃儿离巢，完成孵育。

5. 冬眠习性

蜈蚣是变温动物，它的一切生命活动都受温度支配。一般在日气温 15℃以上具有活动能力，10℃以下就会停止一切活动，钻入土石缝中进入冬眠状态；惊蛰后复苏，多在温暖向阳的冬眠场所附近活动，随着温度增高，逐渐转移到较凉爽的高处活动，晚秋季节又迁至较温暖场所准备越冬。一般冬眠时间为11月底后进入，其冬眠期不再活动，也不进食，躯体摆成“S”形，触角由外向内蜷曲，尾足并拢。在冬眠期间若将其挖出，它也不能马上活动，需经太阳晒暖才能苏醒过来，但行动呆滞而缓慢。其越冬潜伏的深度与气温、土温高低相关，在一般气温、土温条件下，多在土层15～40厘米处冬眠；气温、土温低时，可在土层80～100厘米处冬眠。若土温升高，不但可以推迟冬眠，而且只需在土层浅处冬眠即可。人工养殖时，如适当改善冬眠环境，提高土壤温度，则可推迟冬眠时间，延长其活动生长期。

6. 舔舐的习性

蜈蚣用第一小颚末节及基节突起上的稠密绒毛、第二小颚末节背面上刷状的刚毛，以及口中吐出的唾液，经常舔舐触角、步足外，也会把自己窝穴舔舐得干干净净。这种习性可以排除寄生性小动物和细菌、真菌对蜈蚣的侵害，是防御病害的一种表现。

蜈蚣这种舔舐习性也表现在舔卵上，抱卵的雌蜈蚣也会舔舐卵粒，保持卵的清洁，防止霉菌的危害，保证卵能正常孵出小蜈蚣来。

7. 胆小怕惊

蜈蚣胆小怕惊，稍微受到惊吓就会停止摄食、舍窝逃走或蜷曲不动，正在产卵的蜈蚣会立即停止产卵，而孵卵的蜈蚣受惊吓后则一反常态会把卵吃掉。所以，人工饲养蜈蚣的地方一定要选择安静的环境，饲养场所要尽量保持清静，减少对蜈蚣产生不必要的惊吓和干扰，影响蜈蚣的正常生长活动。

8. 蜕皮特性

蜈蚣身体的一个重要特点就是具有几丁质的外骨骼，它的身体就是靠着外骨骼来支撑的。但几丁质的外骨骼是不会生长的，所以过一段时间蜈蚣就要蜕掉一次皮，每蜕皮一次就会生长一次。蜕皮时先蜕头部，最后是尾部，一般每 4～5 分钟蜕皮一节，全部蜕皮完毕需要 2～3 小时。蜈蚣一生需要蜕皮 11 次后才长成成年蜈蚣。

在蜕皮时，一定要保持安静，受到惊动会增加蜕皮时间，影响生长；并注意避免受到蚂蚁等天敌的攻击。

9. 蜈蚣的种群关系特性

蜈蚣在野生状态下密度甚小，看不到相互排斥和相互干扰的种群关系。在人工饲养条件下，密度大大增加，种群关系特征表现得就比较明显。

(1)群居性。在蜈蚣饲养密度较低的情况下，每一只都有自己的生存空间，这时都能表现出种群个体之间和睦相处的友好关系，各自都在自己占有的空间自由自在地生活。捕食时，各自都能得到自己所需的食物，没有什么冲突。尤其是在早春、晚秋刚起蛰和将要冬眠以前，由于蜈蚣的活动量减少，食欲降低，发生冲突的机会很少，这时的种群相处和睦。

雌蜈蚣产下卵以后抱卵孵化，当孵化到 35～40 天时，经过第 3 次蜕皮，幼体蜈蚣已呈乳白色，长度已达 5 毫米，在母体的怀抱中已能蠕动。幼小的蜈蚣再经过 2 次蜕皮，幼体发育成体色灰黄，体节背板呈淡黑色，这时它们松散地集中在母体的腹面，雌蜈蚣仍然担负着护理幼蜈蚣的责任，警觉而敏感，谨防敌害侵食幼蜈蚣。这时，幼小的蜈蚣之间也能和睦相处，服从雌蜈蚣的管理、保护，很少离开母体。

(2)种群内的相互抑制性。当蜈蚣饲养密度过大，蜈蚣的活动范围缩小，行动受到限制、食物获得受到影响，就会产生种群内部的自疏作用，即通过种群内部各种相互抑制现象，来降低种群的密度，达到新的平衡。蜈蚣的自疏作用包括以下几方面：

①相互干扰：这是一种被动的自疏行为，完全是由于密度过大而造成的。一方面，蜈蚣在生活过程中，相互影响，拥挤碰撞，既影响正常的蜕皮、生长发育，也影响取食增重，导致生长发育迟缓；另一方面，雌蜈蚣在繁殖期间，因相互干扰也会影响情绪，会使受精卵的发育受到影响，产下的卵孵化率低，或孵出的幼小蜈蚣死亡率高，影响饲养蜈蚣的经济效益。正在抱卵孵化的雌蜈蚣因受干扰，就会爬走不抱卵，有的还会把卵吃掉，使繁殖失败。

②争夺食物：在人工饲养条件下，如果饲养密度过大，有时会造成食物供给不足，这时有的个体由于得不到食物而与已得到食物的个体争斗，发生互相夺食现象。有时为了夺得食物，个体之间打斗现象非常严重，有的个体会因打斗致残、致死。

③污染环境：这是一种间接的抑制反应。蜈蚣饲养密度过大时，它们能排出大量的粪便，加之吃剩下的食物残渣，大量堆积在窝内，这些粪便和食物残渣逐渐腐烂发臭。肮脏的环境可以迅速滋生各种病菌，病菌新陈代谢还会产生大量的有毒气体，污染环境，影响蜈蚣的生长发育。密度愈大，污染愈严重，对蜈蚣危害性就愈大，甚至导致饲养失败。

第三节　蜈蚣对环境的要求

蜈蚣的生命活动除了需要摄取食物及饮水外，还需要适宜的温度和湿度，因为温度和湿度与蜈蚣的生长繁殖息息相关。所以人工饲养蜈蚣时提供适宜的温度和湿度是一个重要的环节，只有这样才能养好蜈蚣。

1. 温度

蜈蚣是变温动物，它的一切生命活动都受温度支配。蜈蚣生长发育的最适温度为 25～35℃，在这个温度下蜈蚣觅食多，小蜈蚣生长快，成活率高，成年蜈蚣产卵多，受精卵孵出的小蜈蚣多且身体健壮，而且大大缩短了受精卵的孵化时间。当温度降到 10～15℃时，蜈蚣的食量减少，交配和产卵都将停止。一旦温度下降至 10℃以下时，蜈蚣则停止一切活动，钻入土石缝中进入冬眠。当温度升至 37℃以上时，由于体内水分的散失，蜈蚣的一切活动都将暂停下来，如果温度升至 40℃以上时，蜈蚣会因体内失水太多而使身体干枯死亡。

蜈蚣是冷血动物，体温随着环境温度的变化而变化。在热带地区蜈蚣是无冬眠的，在北方人工饲养条件下，饲养室温度保持在 15℃以上，加上保证充足的饵料供给，蜈蚣也不会进入冬眠状态。因此，蜈蚣也可以进行冬季加温饲养，以提高人工养殖的经济效益。

2. 湿度

湿度也是蜈蚣生长发育的一个重要条件。由于蜈蚣常常栖息在垛体中的饲养土表面及内部，因此对饲养室内空气相对湿度要求不高，对饲养土湿度要求相对严格，饲养土湿度为 10%～25% 时，蜈蚣的一切生命活动最为活跃，也就是说这是蜈蚣生长发育最适合的湿度。饲养土湿度会随着不同季节和不同生理状况下的蜈蚣而有所不同。如夏季的饲养土湿度为 22%～25%，冬季为 10%～15%，春秋季为 20%左右为好。一般小蜈蚣的饲养土稍干，大蜈蚣的饲养土偏湿。

湿度过大时，蜈蚣体内新陈代谢异常，因而蜈蚣的抗病能力下降，生长发育受阻。与此同时，饲养室内的各种霉菌、病菌、寄生虫则迅速生长繁殖，容易使蜈蚣产生各种病害。相反，如果湿度太低，也会导致蜈蚣体内水分大量散发，轻则干扰破坏了蜈蚣的正常活动，严重时则会因过多失水而虚脱死亡。

3. 饲养土

蜈蚣的产卵、孵化、生长发育等一切生理活动都离不开饲养土，饲养土为蜈蚣提供舒适的住所，冬天保温，夏天避暑。因此要求饲养土潮湿、疏松、含有较丰富的腐殖质和一定的有机质，吸水、保湿，长期浇水不硬化、不板结，没有被化肥、农药等污染，酸碱性呈中性。虽然说蜈蚣对饲养土的适应性很强，但一般要使用沙土或者壤土，不宜使用黏土，因为黏土易板结。所选土壤，以含有腐殖质丰富的田园土为最好。

4. 光线

蜈蚣喜暗怕光，尤其害怕强光的刺激，但它们也需要一定的光照，以便吸收太阳的热量，提高消化能力。据报道和观察，蜈蚣对弱光有正趋势，对强光有负趋势，但蜈蚣最喜欢在较弱的绿色光下活动。

在蜈蚣怀孕期间，房养时若房间光线太强，白天可用布帘将窗户遮挡起来；若房间光线太弱，光线得不到满足时，可利用瓦数小的电灯光来补充。

塑料大棚由于受到墙体和中柱的遮挡、塑料薄膜的反射和吸收等因素的影响，室内的光照时间和强度都明显小于室外。为了充分利用阳光，可以采取下列措施改善日光温室的光照条件：

（1）建造日光室要选择有利地势，温室结构要合理，使室内各部位均能获得最长的光照时间。

（2）采用耐老化无滴塑料薄膜。选用塑料薄膜一定要严格，若采用普通的有滴塑料薄膜覆盖，在密封条件下塑料薄膜的内表面会形成一层细薄的小水珠。水珠为冷凝水，对阳光具有散射和吸收功能，会使室内的光透量减少30%左右，严重影响室温的提高。另外，水珠凝聚到一定程度时会下滴对蜈蚣造成不利的影响。可选用聚氯乙烯(PVC)无滴薄膜,该膜适温性能强,耐高温日晒,阻挡地热辐射能力强,夜间保温性能好,弹性好,且使用寿命较长。

(3)经常擦抹塑料薄膜表面,保持膜面光洁。

(4)白天应打开草帘,让室内增加温度和延长光照时间。

5. 其他

蜈蚣对各种强烈的气味,如油漆、汽油、煤油、沥青以及各种化学品、农药、化肥、生石灰等有强烈的回避性。

总之,人工养殖蜈蚣时,就要根据其生活习性,尽力创造它要求的生活条件。

第四节　提高蜈蚣养殖成功率的措施

1. 掌握蜈蚣的生活习性

蜈蚣属昼伏夜出动物,喜潮怕湿,喜阳光,有爱钻缝隙的习惯,建窝时应尽量仿拟蜈蚣的野生环境条件。另外,由于蜈蚣吃食物活动时喜欢在潮湿的地方,休息时爱栖息在干燥处,蜈蚣窝最好建成外湿内干的环境。

2. 种蜈蚣和密度

选育种蜈蚣时要挑个体大、健壮有孕的母蜈蚣和青年公蜈蚣。为避免蜈蚣残杀,放养密度一定要合理。

3. 饵料搭配多样化

蜈蚣喜食体软多汁类昆虫,投喂饵料应以肉食性动物为主,昆虫的种类越多越好,因为不同的昆虫含有不同的营养成分,对蜈蚣的生长发育、产仔及脱皮等均有促进作用。无论春夏秋冬,一定要供给足够的昆虫类饵料，投喂食物时一定要定时、定量，可根据蜈蚣群及蜈蚣龄的大小适当供给。除昆虫类饵料外，也可加工配合饵料。

另外，除满足日常蜈蚣饮水外，还要不断喂给一些西瓜皮、西红柿等水果类植物饵料，以充分满足蜈蚣的营养需求。如发现有幼蜈蚣脱皮困难猝死时，还应在黄粉虫的饵料里加喂适量的胱氨酸、维生素、土霉素和食母生等，让蜈蚣间接吸收营养。

4. 及时分离各龄蜈蚣

蜈蚣的生长速度和本身的摄食能力大小有密切的关系，即便是同一窝繁殖的幼蜈蚣其生长差异也是很大的。在生长过程中，个体健壮的大蜈蚣容易吃掉体质弱的小蜈蚣，未脱皮的吃掉正在脱皮的残弱蜈蚣，为减少此种情况的发生，可事先多准备一些养殖池，将体质强弱不同的同龄蜈蚣分开饲养，经常观察它们的生长情况，始终做到及时分养，规格一致。

5. 温度、湿度的控制

实践证明，最适宜蜈蚣生长繁殖的温度为 25～35℃，也只有在这个温度之内蜈蚣的采食量最多，生长速度最快。因此，有条件者应在蜈蚣养殖棚内或室内因地制宜地装上加温设备，千方百计保持适宜温度。除此之外，空气的相对湿度也很重要，可采用洒水蒸发等方式将饲养土的湿度夏季控制在 22％～25％，冬季控制在 10％～15％，春、秋季控制在 20％左右为好。

6. 疾病防治

养蜈蚣时不管规模大小，都应有严格的管理制度和科学、详细的生产记录，每天定时观察蜈蚣的活动、捕食、饮水、脱皮、产仔、病害及死亡等详细情况。根据气温及时采取增减温度措施，对伤弱病死蜈蚣要及时诊治处理，定期在蜈蚣的非产期、非脱皮期对蜈蚣窝进行卫生清理消毒，为其创造一个适宜生长的环境条件。

第二章　蜈蚣场规划与建造

蜈蚣养殖场舍的选择与建设，要根据蜈蚣的生物学特性，人为创造适宜蜈蚣生活的环境，然后进行饲养、繁殖，扩大蜈蚣种群，从而获得最佳的经济效益。因此，养殖蜈蚣前要掌握必要的理论知识和饲养管理知识，最好能和蜈蚣养殖方面的专家建立长期的信息联系，以便在养殖过程中发现问题得到及时解决。其次要了解销售途径，防止生产上的盲目性，造成"一哄而起"的局面，最好与有收购、加工能力的单位签订销售合同，进行有计划的生产。养殖蜈蚣的目的是为了获取经济效益，因此要对养殖的成本、销售价格等进行详细的核算，然后再确定养殖的数量和规模。另外，还要做好财力、物资上的准备。

第一节　场地选择与布局

综合各地蜈蚣饲养的方式可分为室外饲养和室内饲养两种方式。

室外养殖又叫野地养殖，方法简单，不易管理、敌害多，受环境因素（光线、风、雨、雪、温度、湿度）影响大，饲养效果差，产量低，同时需要一定量的室外土地面积。因此本书主要介绍室内养殖方法。

蜈蚣室内养殖除利用已有的房舍和塑料大棚进行改造室内养

殖外,新建养殖场舍都要重新选址。

1. 场地选择

饲养蜈蚣在场址选择上,一般应注意以下几个方面:

首先,场址要求背风向阳,在山地、丘陵区建场一定要在山的南坡向阳面,同时要避开风口,切忌在山口迎风处建场;平原地区建场一定要在地势较高、排水良好、比较干燥的地方建场。

其次,要考虑建场的环境条件,山区要选择梯田或相对平坦的山场,周围林木要离开饲养场围墙 10 米以外。平原地区除选择地势高、干燥的地形外,还要考虑周围有无养鸡场、养猪场、屠宰场、石灰厂等。

场地的土质应以壤土和沙壤土为好,以满足蜈蚣对温度、湿度的要求。土壤的 pH 值以微酸性至微碱性为好,中性最好,即 pH 值以 6.5~7.5 为宜。平原地区场地不能低洼且排水性能良好,场地周围不能有积水,以免暴雨骤降时淹没饲养池,造成严重损失。

场地的形状与大小可以灵活掌握,不拘一格。如果场地小,以后的发展会受到一定限制;场地选得大,则有一定的发展余地,可以得心应手地安排饲养场舍的建设,达到比较理想的规划状态。

第三,场地还要求未受到农药、化肥等有害物质污染。水源要清洁,一般深井水即可。同时还要特别注意从空间上要避开蜈蚣的天敌,如蚂蚁、老鼠、蛇等,以免敌害猖獗影响饲养蜈蚣的经济效益。

另外,为了便于管理,应有可靠的电源供应,同时周围无噪声干扰。由于蜈蚣养殖具有长效性,因而选择的场地条件应具有稳定性。

2. 规划布局

场址选择好以后,要进行场地的平整与划区布置,使其能达到建场标准。

新建养殖场，首先要将场地垫平，清除小树和杂草，建起围墙后，即可进行场地划区。场地划区的目的是将大场地划成小场地，便于按小区营建排灌渠道，以利于排水及管理，同时还便于在小区内进行规范化的修建饲养房、饲养棚。

小区的划分应以场地的大小、形状来定，尽量布置的对称、形状规范。小区划分大的场地可按 10 米×5 米的规程安排，小的场地则可按 10 米×3 米或 6 米×5 米、5 米×5 米的规格安排。对不规则的可以规划取齐，在规划外的地方建造配套设施，也可以再划分成特别小区，以节约用地，尽量保持最大限度的规模饲养。

对方形的场地，布局简单、容易，且整齐美观，可以规划出矩形小区依次排列；场地面积大，可以分几排排列，排与排之间留有道路，路旁都要设置排水沟，道路宽度 1 米左右。而排内小区可以直接相连。

场地若为三角形或是梯形，则设计相对复杂，可采用“品”字形设计小区，即每排小区各占一角，呈现对称鼎立之势。这种规划形式，便于配套设施的合理布局，有利于饲养管理。场地若为不规则形状，小区规划就显得更复杂，更难以规范化，很可能给道路修建、排水渠道的开挖等带来麻烦，也可能给以后的饲养管理带来不便。遇到这样的场地，如果以地形设计小区，尽量做到整齐、简明、集中、合理，也能收到良好效果。

第二节　蜈蚣的养殖方式

室内养殖蜈蚣按规模分，小规模的有盆养、箱养、缸养，大规模的有池养等；按房屋类别分，有房舍养殖、塑料大棚养殖；按供热方式分，有常温养殖、加温养殖等。这些都是我国劳动人民根据蜈蚣的生物学特性创造出来的并在生产实践中应用的方式，但它们又各有其特点，所以必须根据自己的实际情况加以选择。不论哪种养殖方式，基本原则都是模拟蜈蚣的自然生活环境，为蜈蚣创造舒适的生活条件。同时要满足经济实用、通风性能好、建筑结构合理，便于观察和投喂、捕捉方便的原则。

这些养殖方式在生产中都不是单独应用的，而是综合两种或多种方法一起使用。因此，无论采取何种养殖方式，都要按照蜈蚣的生活习性，为蜈蚣创造栖息隐身的缝隙和窝穴，并且大小适中，既保证蜈蚣有活动的场所，又保证饲养人员工作管理方便。

还需要注意的是，不得使用有有害成分的设施（蜈蚣对化学物质很敏感，否则会导致其死亡或者生长停止或者不产卵）。

1. 按养殖器具划分养殖方式

目前，养殖蜈蚣的主要饲养方式有盆养法、箱养法、缸养法、池养法。

（1）盆养法（彩图 5）：盆养法是一种采用容器（选择干净、内壁光滑的陶瓷或塑料盆，高度在 50 厘米以上）进行小规模简易饲养的方法。盆养为了节省养殖面积常采用立体架养法。

（2）箱养法（彩图 6）：箱养法可购买塑料箱也可自行制作。箱养法设备制作简单，布置方便，灵活性大，节省空间，而且可以搬动转移。但饲养土难以保持稳定的湿度，受环境影响大，很难维持蜈蚣所需最适宜生态环境。箱养法每平方米可养 200～300 条中蜈蚣，或 100～150 条大蜈蚣。

（3）缸养法：缸养法可用玻璃缸或陶缸，但作为长远发展的蜈蚣养殖者，缸养法只是权宜之计或因地制宜的小规模养殖。缸养法通风透气差，底部容易积水，且容易滋生霉菌，应特别注意控制饲养土的温度，并适时更换饲养土。

①玻璃缸：在室内设置若干玻璃缸，底面积一般为 50 厘米×

40厘米，高30～40厘米。这样的玻璃缸每平方米可养200～300条中蜈蚣，或100～150条大蜈蚣。

②陶缸：用最小处直径在0.5米以上破旧瓦缸或陶瓷缸。一个直径80厘米的缸可放成年蜈蚣200条左右。

(4)池养法(彩图7)：大量养殖蜈蚣要建饲养池，饲养池的面积应根据养殖规模及场地条件而定。一般可建成5～10平方米，大量养殖可按长1.5米、宽1米、池壁高0.5～0.8米的标准建池。养殖池壁可用砖或石块等砌成，水泥抹面，池壁高80厘米左右。目前，以建造薄膜围壁式或玻璃式饲养池较好，成本较低，也较实用。池内壁要用光滑无损的塑料薄膜粘贴，或在池内四周用玻璃片镶一圈15厘米宽与池壁成直角的檐，以防止蜈蚣外逃和其他敌害动物的侵入。

另外，在北方还有地下池养法，建坑深度为1米，面积大小视投养蜈蚣多少而定。地下池养法的优点是利用坑内适度的潮湿空气，满足蜈蚣对空气湿度的要求。

池养法一般每平方米可放养刚孵化的小蜈蚣4500～5000条，5厘米长的蜈蚣2500～3000条，7～10厘米长的蜈蚣1000～1200条，12厘米以上的蜈蚣200～300条，放养种苗蜈蚣500条左右。

2. 按利用空间划分养殖方式

(1)平养：如在地面搭建养殖池或摆养殖箱、养殖盆等，但这种养殖方式的空间利用不经济。

(2)立体养殖：在养殖小区内利用立体空间养殖。

①架养：用2.5厘米的三角铁、木材作框架，也可以采用砖、混凝土结构，因地制宜，合理选材。根据房间高度，养殖架可以分为3层或4层，层间高度以60～80厘米为宜。在架子的各层用盆养、箱养方式养殖。

②多层垛体：用水泥板或砖砌成带格的立体养殖架，在格内做垛体养殖，格相当于养殖池。四周设防逃围墙，或用玻璃嵌好做防逃围墙，围墙高度不得低于25厘米。饲养池的底部不得有孔洞，若发现孔洞立即用混凝土补牢。

3. 按房屋类别划分养殖方式

(1)室内养殖：即利用一般房屋养殖。可立体养殖，也可平养。

(2)塑料大棚养殖：塑料大棚养殖蜈蚣除夏天需要遮荫外，其他三季白天可充分利用太阳的照射提高塑料大棚内的温度，傍晚及时用草帘覆盖塑料大棚使之保温，尽可能缩小昼夜温差，显著延长蜈蚣的生长时间，甚至取消蜈蚣的冬眠期，提高养殖效益。

塑料大棚养殖由于依赖于太阳光的照射，所以必须注意天气的变化。遇有冰雪天气，要及时采取临时的加温措施，尽量避免蜈蚣冬眠，如果蜈蚣一旦冬眠，就不要轻易把它唤醒，否则会造成较大伤亡。春天来临，气温升高，注意及时通风，一则补充新鲜空气；二则防止棚内超温。夏季需要及时揭开塑料布，换上遮阳网进行遮阳处理。

4. 按供热划分养殖方式

(1)常温养殖：常温养殖即完全依赖自然界的温度变化来进行蜈蚣养殖。随着一年四季温度的变化，蜈蚣也相应地出现复苏期、生长繁殖期、催肥期和冬眠期几个过程。常温养殖技术简单，管理方便，投资少，无需建造暖房及安装取暖设备。因此常温养殖是一种较常采用的养殖形式。

(2)加温养殖：自然条件下，蜈蚣的冬眠期很长。蜈蚣处于长期低温情况下有可能被冻死。如冬季进行加温饲养，给蜈蚣创造适宜的环境，不但可以打破休眠状态，而且蜈蚣能继续生长繁殖，缩短饲养周期，提高幼蜈蚣的成活率。加温养殖最关键的设备是具有一定面积的可以加温、控温和有良好保温条件的暖房。这些暖房可以新建,也可以利用现有的普通民房、塑料大棚改造,无论哪种暖房,都必须经济实用,具备加温和保温条件,能保持较好的通风,结构科学合理,便于管理。

(3)交叉养殖法:所谓交叉养殖即将加温养殖与常温养殖相结合,达到在有限的场地内最大限度地扩大生产规模的目的。春暖花开的季节,室外温度升到 20℃以上时,可将暖房内的小蜈蚣移到常温池内饲养,秋季温度低时再移到暖房内。

第三节　养殖设施的建造

一、养殖房的建造

房舍养殖蜈蚣是比较常见的养殖形式,因为在人为的作用下,温度、湿度都好控制,且隔音效果好,避光性强,养殖量大。在经济允许的情况下,可兴建专用的蜈蚣养殖房。当然,也可以把空闲的房屋改造后使用。改造时,首先要堵塞屋顶及四壁缝隙、孔洞,把屋顶及四壁用塑料薄膜裹严,并用长木条固定。为了便于控温,可适当缩小室内空间,使改造后的屋顶距地面 2 米左右。地面要打一层混凝土或用砖铺好,以杜绝鼠害。然后在室内合理规划,修建养殖池或摆放其他养殖设施。

新建养殖房一般长 3～5 米,高 2.5 米,宽 3 米,墙厚 23～28 厘米。房顶可建成普通的平顶式或双坡式,房顶若用水泥瓦要做成夹层填实,构成绝热层。有条件者可直接采用彩钢瓦(彩钢瓦有配套的保温泡沫)。也可在向阳面用玻璃或双层聚氯乙烯(PVC)无滴薄膜做顶,这样房内阳光充足,温度较高。背阴面可用水泥瓦做顶。

房的正面开一门，门不宜过大，只要够 1 个人通过即可，门的四周与门框之间要做好密封；东、西、北三面留小窗，以利于空气流通，但门窗要向外开，窗上应有窗纱，以防外界天敌侵扰，所用纱窗的纱孔不必太小。这样即可保证空气流通。研究表明，虽然蜈蚣具有趋暗性，但养殖房内如果自然光线过暗，会影响蜈蚣的生长发育，对繁殖的危害更大。

北方寒冷地区要在饲养房内周边离墙 10 厘米的地方砌一层二道墙，夹墙空隙中用锯木屑或干细土填紧以利于保温，也可采用直接在空心砖的中心加添的方式。

养殖池或立体养殖架放在两侧，中间留出一条 50～60 厘米宽的人行通道，以利于管理。

房舍建好后，还要在室内顶部和四周墙面用无缝塑料布封闭起来。如果不想全部封闭起来，最低也要在墙壁四周铺设 1 米高的塑料膜或 20 厘米宽的玻璃条，并且定期地擦掉塑料膜或玻璃条上的灰尘，发现塑料有破损时，应及时修补或更换。

在以往的蜈蚣养殖书籍中曾介绍房舍四周用水沟防逃，但在实际应用中此法效果不理想。因为蜈蚣视力极差，水沟中有没有水它根本看不见，只凭着头上的触觉往外爬，同时蜈蚣的气门长在腹部，水稍微深一点蜈蚣就会窒息而死，因此用防水沟防止蜈蚣逃跑的做法不可取。

二、塑料大棚的建造

塑料大棚又称日光温室，可使自然采光和人工加温控温相结合。白天最大限度地让日光透过薄膜或玻璃进入室内，使这一部分光被吸收而转化为热能；夜间可利用燃料人工加温，从而使室内温度恒定。大棚养殖就是基于太阳能温室的原理，加以科学的指导，经过长期的生产实践，无数次的改进，逐步探索出一整套养殖新技术。

1. 位置与方向

塑料棚设计除了参照前面场址选择的要求外，还必须注意几个问题：在选择地势方面要尽量选择高位、干燥处，防止棚外脏水流入棚内；还要避开高大建筑或树木，以防止影响太阳光照射；为了更多地利用太阳光照时间，朝向一般以坐北朝南为宜，但各地冬季的主导风向各不相同，棚的朝向一般选择与主导风向正好相反为宜，但最多不能偏离正南15°，因为偏角超过15°时，棚内获得阳光照射时间会明显缩短。

2. 建造材料

建造日光温室的材料应根据温室的结构和投资大小而定。考虑经济因素和保温效果，一般以砖木结构为主。所需要的材料有砖（空心砖）、水泥、细沙、蛭石或珍珠岩（保温材料）、中柱、檩、椽子、木板（1厘米厚）、稻草、竹子、铁丝、塑料薄膜、压膜线、草苫等。

3. 结构参数

温室结构科学合理，有利于加温和控温。首先要注意棚的高度，通常脊高3米，宽度和长度可根据养殖规模自定。前墙高1.3米，后墙高1.5米。前墙的窗户一般长40厘米，宽20厘米。后墙上的窗户留成方形，边长是40厘米。当棚内需要升温的时候，堵上前、后窗户即可。两头山墙除留出门、窗户外，砖墙到顶，山墙门高从地面算起高1.2米、宽0.7米，双层门外加纱门。窗高1米、宽1.5米，双层玻璃窗外加纱窗。墙的外壁和内壁均用水泥抹严抹光。

塑料膜用聚氯乙烯（PVC）无滴薄膜，一般以0.2～0.8毫米为宜。要两层膜，中间夹一层草苫子。因为中间夹了草苫子以后，两层膜中间有了储存空气的缝隙，就可以很好地起到保温的作用。蜈蚣喜欢阴暗的环境，草苫子同时还可以达到遮荫的效果。

4. 日光温室的建造

日光温室主要由地基、墙壁、走廊、养殖池、顶棚、进气孔和天窗等部分构成。日光温室要建成两个室，外室要小，建有火膛(加温养殖时采用)和存放物品；内室要大，用于养殖蜈蚣。

(1)地基：在建塑料大棚前，先将地面挖深 50 厘米、宽 4.5 米，长可根据蜈蚣养殖规模而定地框，底部推平砸实。

(2)墙壁：为了保温，北方地区日光温室的墙壁若用砖建造必须建成双层夹心式，即外层建 24 厘米厚的墙，内层建 18 厘米厚的墙，中间留 18 厘米宽的夹缝，用蛭石或珍珠岩等保温材料填充。若用空心砖建造，可直接在空心砖内填充蛭石或珍珠岩等保温材料。南方地区可根据温度条件适当从简。

(3)走廊：养殖池间应留出人行道，宽度以 50～60 厘米为宜。

(4)养殖池：室内留出人行道后，剩余部分用来建造养殖池。养殖池底面同样高于地平面 70 厘米左右。

(5)顶棚：顶棚建成起脊式，用中柱支撑。南坡用竹竿做骨架，扣以聚氯乙烯无滴薄膜，上覆草苫，苫上再铺一层膜。北坡用檩、椽木建造，用木板、草泥、稻草等物覆盖。

(6)进气孔与天窗：为了创造一个良好的空气流通环境，应在日光温室内设置进气孔和天窗，以保证室内有足够的新鲜空气。进气孔的内径一般为 20 厘米(若加温需设置在主火道两侧，与主火道平行，这样室外部分冷空气进入室内时，通过火道近旁高温的加热而变暖，不会因空气流通而降低室温)，天窗设在北坡，每个间隔 5 米左右的距离。天窗大小以 40 厘米见方为宜。

(7)塑料大棚建好后，在大棚内墙的四周同样贴上宽为 20 厘米的玻璃条或光滑的塑料板条或全面用塑料布封严。

三、养殖箱的制作

箱养法可购买塑料箱也可自行制作。自行制作可采用木板或纤维板加 1.5 厘米厚的木条钉成宽 50 厘米、长 100 厘米、高 40 厘米的板箱，箱内贴一层塑料薄膜，保持内壁光滑。箱的顶盖是用方格的窗纱，既利于通风透气，也利于防逃。

另一种方式是先钉一个高 20～30 厘米、宽 30～40 厘米、长度因地制宜的浅木槽，槽的上口四角及中间竖起多根长约 10 厘米的小木条，然后，用特定网眼的纱网围绕这些小木条在木槽的上方钉一个蚊帐式的网罩，在面向操作一面的网罩上留下操作门。将几个这种木槽放在长度与之匹配的多层木架上，组成立体多层养殖槽，这样既节省空间，充分利用养殖舍的面积，又利于蜈蚣栖息处的通风换气。

四、饲养土的配制

饲养土是蜈蚣栖居、生活、繁殖的场所，因而对蜈蚣非常重要。蜈蚣对饲养土的土质没有很高的特殊要求，沙土、壤土都可以，但饲养土必须疏松、肥沃和潮湿，而且要保温、保湿性能好。所以用菜园土作饲养土最好，不宜用黏土作饲养土，因为黏土容易板结，蜈蚣难以入内，板结前又由于黏性大，还会黏住蜈蚣的足和口器，影响蜈蚣爬行和取食活动。

常用的饲养土要在反复耕作过的、长时间未喷洒过农药、化肥的菜园内挖取，挖取时要取土质疏松、肥沃地段的表层土，将其打碎（一般质量较好的菜园土只需用锄、棒轻敲即可敲成颗状），拣出其中的烂叶、石块、瓦片等杂物，再用热开水泡过，然后放于强烈的太阳光下，反复翻晒 2～3 天，直到晒干，这样既便于贮存，又能杀灭土中可能含有的天敌卵或病原菌，晒干后即可贮存备用。

若找不到好的田园土，也可以采用配方来配制饲养土：腐殖质土两份，河沙一份，混合均匀，太阳光下暴晒 3～5 天，过筛后备用；也可用田地里的熟土 30%、沙土 30%、黄沙 20%、煤灰渣 15%、石粉 5%，混合粉碎，过筛，暴晒 3～5 天，装好备用。

使用饲养土时要洒水调节其湿度，含水量掌握在 10%～20%。冬季和梅雨季节要低些，夏季的湿度要高些；大蜈蚣的饲养土湿度可以大些，小蜈蚣的饲养土湿度要小一些。喷洒水时，饲养土湿度大时少喷，干的时候多喷；在喷水方式上，多次少量，尽可能均匀，不要见到明水，也不要喷到蜈蚣的身上，不要直接使用城市自来水，要将自来水暴晒两三天后再用，最好使用清洁的地下水。

在投放饲养土时，要提前调整好湿度，再将疏松的饲养土铺衬在养殖容器或者设备内，铺设的厚度是春季 8 厘米，夏季 5 厘米，冬季 10～15 厘米。

在管理上，一般每年春天更换饲养土一次。平时，若因清除粪便丢失了少量饲养土时，可适量补充；如遇发生疫病、蚁害或螨害时，应及时更换饲养土。

五、垛体的选择

垛体是蜈蚣栖息和活动的主要场所，也是补充体内水分和矿物质的主要渠道。蜈蚣的生长发育、蜕皮、产卵、孵化都离不开垛体，因此垛体的结构必须合理。

1. 垛体建造的原则

建造垛体要符合以下几个原则：

(1)垛体要有许多缝隙，形成无数小空间，给蜈蚣提供相互隔离的栖息场所。

(2)垛体必须便于加湿,有利于保湿。

(3)在条件允许、方便的前提下,垛体越高越好。

(4)垛体与四周防逃围墙的距离不得小于 12 厘米,防止蜈蚣外逃。

2. 人工垛体的类型

垛体是蜈蚣栖身的地方,目前实际生产中垛体形式主要有瓦式立体垛体、蛋托式立体垛体、巢式立体垛体、砖式垛体和石棉瓦式等。

垛体无论采用何种材料都必须先用清水洗刷干净,除去泥沙、异物,然后放在 1%的盐水中浸泡 1 小时或放在 0.1%的高锰酸钾溶液中浸泡 10 分钟,以清除黏附在上面的病菌和寄生虫,最后再放入清水或冷开水中浸泡,待湿透之后取出备用。但不能把用药水浸泡过的垛体材料放在阳光下暴晒,因为过于干燥的垛体材料不宜保湿,同时也容易分解出亚硝酸盐,改变垛体的酸碱度危害蜈蚣。

六、养殖池、箱的搭建

1. 养殖盆的搭建

盆内铺饲养土,放进瓦片供蜈蚣栖息。用小浅碟装水供蜈蚣饮水。盆内容易干燥,应喷洒清水,以保持土壤湿度适宜。盆口加盖纱网或在盖上打孔,以防天敌入侵和蜈蚣外逃。若容器内壁不光滑,可用塑料薄膜贴内壁防逃。

2. 养殖箱的搭建

箱养法的饲养土堆积厚度为 10 厘米,同时,每个养殖箱配备若干块弧形瓦片,将瓦片洗干净并吸足水分,4～5 片一叠地放置在箱内壁四周，并使叠放的瓦片每层之间用厚约 2 厘米的海绵条垫起，供蜈蚣栖息。箱的中间不放瓦片，这里是蜈蚣摄食与活动的场所。

3. 玻璃缸的搭建

缸的底层铺放厚约 10 厘米的饲养土，土面堆若干层瓦片等，缸口用纱网制成的罩覆盖。

4. 陶缸的搭建

可在陶缸中铺放饲养土，也可把陶缸口朝下埋入土中 20 厘米左右，然后打掉缸底，缸内四周堆起瓦片，缸中间要留有一定空隙。

5. 养殖池的搭建

养殖池养殖蜈蚣是最常见的养殖方式。

(1)池的建造：用于养殖蜈蚣的池为长方形水泥构造池。池的大小与排列，应根据养殖场地或房舍来合理布局，而且养殖种蜈蚣、小蜈蚣与大蜈蚣的池应分别建造，以免在养殖过程中互相串扰而导致大吃小。池的四周用砖侧立砌起高约 50 厘米的围墙，围墙的内壁尽量用水泥抹平。在养殖池的内壁四周镶砌平整、光滑的玻璃条一圈(玻璃条尽量长，以减少接缝)，宽 15 厘米，外露 7～8 厘米，与壁成直角。这样，蜈蚣爬到玻璃条上由于光滑不便转弯而跌落回养殖池。在玻璃条的接缝处，要密封牢固，没有空隙，平时要经常检查和擦洗玻璃条。特别是每次刮风、下雨之后，应及时擦除溅落在玻璃条上的泥水残迹，以保证防逃效果。

(2)池底的铺设：池底可用水泥铺底抹平，也可用砖直接铺在池底土面上，然后砖与砖之间的接缝可用水泥灌浆封严。两者各有优缺点，水泥铺底建造比较方便，养殖后捕捉蜈蚣也较容易，但水泥铺底透水性较差，在给饲养土加湿时如操作不严格，容易造成饲养土积水。另外，水泥铺底也不利于饲养土与池下土之间的水、气交流。用砖铺底则较好地解决了这个问题：一方面，砖地吸水性强，同时又能将其吸入的水分以蒸汽的形式蒸发出来，因而对调节饲养土与环境湿度极有好处；另一方面，其渗入性与透气性很好，这有利于饲养土和池下土之间的水分交换及气体交换，使地热能够在寒冷的季节上升，提高饲养土的温度，而炎热的季节，可以吸收饲养土中的热量，使饲养土不至于温度过高。使用砖铺底也有其缺点：一方面，用水泥浆弥合砖缝时，容易因疏忽而留下缝隙，蜈蚣可通过这些缝隙钻入池地下底土层中，这容易造成蜈蚣受害或捕捉困难；另一方面，由于砖的透气性强，其内部的微小空间大，在长期湿润的条件下，容易滋生各种微生物，其中就包括病原微生物。

(3)蜈蚣栖息床的搭建

①瓦片立体栖息床(图 2-1)：用瓦片交错排列形成多缝隙的墙体，缝隙宽 3～5 厘米，高 1～1.5 厘米。垛体高度稍低于蜈蚣池高度，垛体所占的面积约为池底面积的 2/3。

图 2-1　瓦式立体栖息床

也可用瓦片或砖块错落有致地围成 2～3 平方米的空间，砖块或瓦片之间多留 1 厘米大小的空隙，以便蜈蚣在夹缝中生存和栖息，空间里面放饲养土(图 2-2)。

图 2-2 砖块和瓦片栖息床

②纸制蛋托式立体栖息床(图 2-3):蛋托形式多种多样,但要用纸制蛋托。用纸制蛋托制作栖息床,不但轻便、成本低,而且容易保湿和通风,蛋托中半圆形的凹陷成为天然的蜈蚣窝。纸制蛋托无论如何摆放,都要规则摆放,以防倒垛。同时要保证其留有缝隙,以便让蜈蚣自由进出。使用前先用 0.1%高锰酸钾溶液或 1%盐水用小喷壶喷洒消毒,然后一块一块摆放,这样制成的垛体更为经济实用。

图 2-3 纸制蛋托栖息床

③巢格板式垛体(图 2-4):巢格板式垛体占地少,能充分利用

空间，并且容易管理。巢格式水泥板分为两排，每排5个凹槽，每个凹槽长约7厘米，宽约3厘米，整体形成了10个单间的构造，方便蜈蚣一穴一只，互不打扰。这可是养殖者为了给蜈蚣创造更加安静的居住环境而精心设计的。使用时只按单层建造，然后垛多层即可。

图2-4　巢格板式垛体

④石棉瓦式垛体（图2-5）：用石棉瓦制作栖息床。在摆放石棉瓦时，层与层之间要用土或其他材料垫起2～3厘米，使石棉瓦之间形成一定的空间，供蜈蚣藏身栖息。

图2-5　石棉瓦式垛体

也可以在地面上铺设巢格板后上盖水泥瓦的结合式栖息床（图 2-6）。

图 2-6　巢格板和水泥瓦结合式栖息床

（4）注意事项

①栖息床摆放的高度应稍低于蜈蚣池的高度，垛体所占的面积约为池底面积的 2/3 为宜，小了浪费使用面积，大了活动场地不足。

②栖息床一般一年更换一次即可。因为更换太频繁会打乱蜈蚣的正常生活。

③无论采用哪一种饲养方式，在进行建造垛体时，其底部必须铺上饲养土。饲养土一般一年更换一次，但当发现蜈蚣连续大批死亡，可能发生传染病或残留的农药中毒或饲养土发霉变臭、土中有大量的蚂蚁、螨虫时，则应该更换饲养土。与此同时最好也换去垛体，进行彻底消毒，只有这样才能斩断病根，保证蜈蚣健康生长。

第四节　其他配套设施

1. 投料设施

蜈蚣的饵料常常是一些活的小动物，而且饲喂时还要将其切断，这些饵料动物在被蜈蚣摄食前可能遗留下一些黏液、粪便及多汁的软组织等玷污饲养土或运动场，而且这些东西很难清理，又容易引起病原微生物的繁殖，因此给蜈蚣投饵时常常要设置饵料盘（图 2-7）。蜈蚣的饵料盘可以是瓷盘或塑料浅盘，也可用薄木板（图 2-8），或者硬而又压实的纸板。

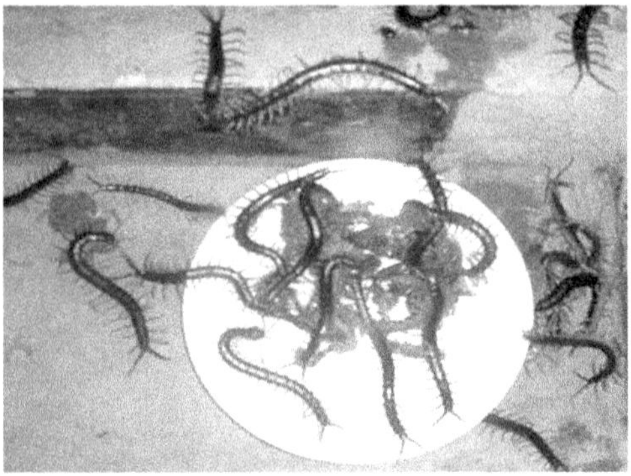

图 2-7　瓷饵料盘

2. 饮水设施

饮水也是蜈蚣的生命活动之一，因此蜈蚣养殖场内一定要设置供水设施，常用的供水设施为塑料浅盘或瓷盘（图 2-9）。供水时用比较致密的海绵吸足清水之后，放于塑料浅盘或瓷盘上供蜈蚣饮水。

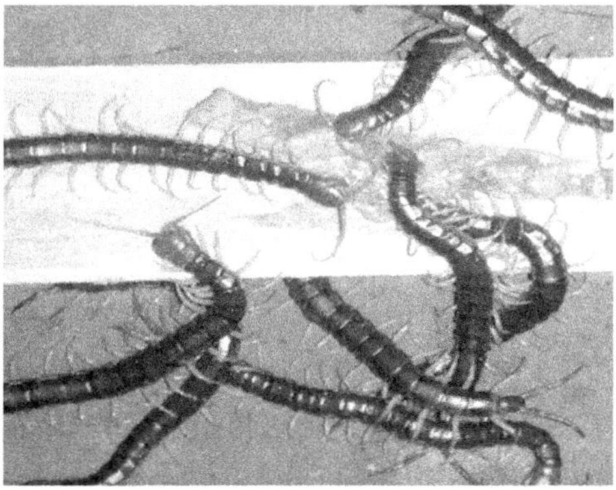

图 2-8　薄木板

图 2-9　饮水盘

3. 供湿设施

蜈蚣场地的供湿包括两个方面：一是空气供湿；二是土壤供湿。对于室外养殖者来说，土壤湿度是最需要关注的问题，常常在场地建筑上就需要考虑这个问题。主要从饲养池底的渗水、饲养土的喷水与排水以及通风等几个方面来控制饲养土的湿度，而室内养殖者饲养土的湿度则可用喷水、洒水、渗水、排水等设施。这里特别需要关注的是冬季室内加温养殖者，由于室内、室外温度差较大，室内空气与饲养土之间的温差也大，这使饲养土的水分极易挥发，因此，保持饲养土的湿度就很难，在建筑室内立体养殖池时，最好在饲养池（槽）的底部增加供湿设施。

4. 供热保温设施

对于准备周年生产的养殖者来说，冬季升温是必须考虑的问题，因此，在建筑养殖设施时，应考虑给温设施。同时，为了节省空间和最大限度地提高热量的供给效率，建议养殖池最好建成立体多层次结构（如立体架多层饲养槽式结构等），这样，悬空的养殖池（槽）其饲养土与舍内空气的同步加热就变得更为容易。供热设施可采用地龙式、火龙式等。条件许可时还可以因地制宜地使用锅炉暖气等供热设施，如果采用地龙或火龙式，最好在养殖池的两边，沿池的长轴方向各设置一条（套）或几条（套），以保持池内温度均匀。同时，饲养池的空中、饲养土中及饲养土的底部中心最好多设置一些温度计等。如用暖气片加热，最好暖气片放置在房舍的长轴两边墙壁旁。同时，房舍的保湿性能必须好。

5. 饵料昆虫场所

真正养殖蜈蚣而挣到钱的养殖户都是自己养殖饵料虫，这样可以把饲料成本降低。饵料培育室或培育区应建立在养殖场附近，根据各种食物昆虫的生活习性建设培育室，进行大量培育。一个 10 万条成年蜈蚣以上规模的养殖场，养殖饵料昆虫的面积最少应不少于 30 平方米。

6. 管理人员工作、休息室

对于一个具有一定规模的养殖场，饲养管理工作人员较多，工作量大，必须有自己的工作准备室及休息室。

工作准备室包括办公室、技术室、防疫室、工具室等。休息室则包括一般休息室及宿舍等。

7. 蜈蚣加工室

养殖场要有自己的蜈蚣加工室，以便对大量成年蜈蚣进行加工及取毒。

加工室应配备水池及各种必备的容器、机械等，还应有相应的干燥室及包装、运输准备室等。

8. 镊子

平时可用医用镊子或竹镊子，也可用竹筷子。

9. 塑料桶

用于捕捉时盛蜈蚣用。

10. 喷雾器

规模小时用手持喷雾器，规模大时用压力喷雾器，用于高温干旱季节为蜈蚣窝补湿。还要准备用于蜈蚣窝水盘添水的小水壶。

11. 手电筒

用于夜晚检查养殖池。

12. 干湿温度计

用于日常温度、湿度的测量。

13. 蜈蚣蜇伤救护物品

用于蜈蚣蜇伤后的救护，如氨水、小苏打、季德胜蛇药片、抗蝎毒血清、万应锭、二味拔毒散等。

14. 其他设施

其他配套设施可根据各自需求自行配置。

第三章　蜈蚣的饵料

蜈蚣食性广而杂，喜欢吃各种小昆虫、蠕虫、鸡血、杂骨及西瓜、黄瓜、苹果等。蜈蚣特别喜好带有腥味（如蛙类、鱼虾小杂等）、甜味（如葡萄糖等）和乳香味（如奶粉等）的食物，极度饥饿时会相互残杀咬食同类。

养殖蜈蚣的饵料主要有养殖昆虫类（如黄粉虫、蝇蛆、蚯蚓、地鳖虫等）、野生昆虫类（如蚂蚱、蝴蝶、蜘蛛和各种蛾子等）、肉类（如绞碎的新鲜鸡肉、鸡骨架、猪肉、牛肉、羊肉等）、人工配合饵料以及用来补充投喂的植物性食物（如马铃薯、胡萝卜、水果皮、青菜、麦麸、米糠等）。

目前，蜈蚣的主要市场是药用，药用的主要成分是溶血蛋白质和胆甾醇，这只能从高蛋白的动物性饵料来补充，而高蛋白动物性饵料，首推黄粉虫或者蚯蚓，这也符合蜈蚣喜欢吃活的昆虫的天性。长期用动物内脏、鸡骨架、鱼肉等喂养蜈蚣是没有太多药用价值的，这应引起蜈蚣养殖者的足够重视。

第一节　蜈蚣的营养需求

蜈蚣在其生长过程中，进行着生长发育、繁殖等活动。既要延续自身生命，又要延续种群后代，这些生命活动的前提条件是必须具备良好的营养条件。蜈蚣的营养需求主要有蛋白质、脂肪、碳水化合物、矿物质、维生素和水分等。

1. 蛋白质

蛋白质是一切生命的基础，在蜈蚣的生长、繁殖等过程中起着极为重要的作用。蜈蚣许多重要的组织、器官，如肌肉、内脏器官、神经、血液和毒液等都是由蛋白质构成的。

蜈蚣组织（除外骨骼）干物质一半以上是蛋白质。在蜈蚣的代谢过程中，蛋白质有不可替代的重要作用。

构成蛋白质的基本单位为氨基酸，蜈蚣食入饵料蛋白质，在体内将其消化、分解成游离氨基酸，再根据自身需要，将各种氨基酸按特定的比例合成体蛋白。当饵料中提供的各种氨基酸的种类、数量、比例符合需要时，这便是理想的氨基酸平衡。

蜈蚣对蛋白质的需要在一定程度上依据蛋白质的品质来决定。蛋白质中氨基酸越完全，比例越恰当，蜈蚣对它的利用率就越高。在生产实践中，为提高饵料中蛋白质的利用率，常采用多种饵料配合，使各种氨基酸互相补充。若蜈蚣单喂黄粉虫、蚯蚓或蝇蛆，这样取得的氨基酸数量可能不足，氨基酸不平衡，因而蛋白质的利用率就不高，时间长了，就容易产生蛋白质缺乏症，导致蜈蚣营养不良、体重下降、繁殖力低下、免疫力弱等。

2. 脂肪

脂肪主要由碳、氢、氧三种元素组成，主要供给蜈蚣能量和必需脂肪酸，此外还参与形成细胞膜的结构，同时与蜈蚣的冬眠有重要关系（在野生状态下，蜈蚣可以在 100 多天的冬眠状态中不吃不动，其能量的提供即是依靠体内积聚的脂肪供应的）。脂肪是蜈蚣体内的主要贮备能源，广泛分布于机体的组织中。

脂肪还有保护内脏，减少机械冲撞、挤压损伤，同时还有防止体内热量的散发等作用。脂肪也是脂溶性维生素 A、维生素 D、维生素 E、维生素 K 的溶剂，并可促进脂溶性维生素的吸收和利用。

但是，饵料中脂肪的含量不宜太多，否则会引起消化不良，食欲下降。蜈蚣只要捕食各种饵料动物，就能够满足其对脂肪的需要，所以不需要另外进行脂肪的补给。

3. 碳水化合物

碳水化合物的主要作用是为蜈蚣机体提供能量。同时参与细胞的各种代谢活动，如参与氨基酸、脂肪的合成。利用碳水化合物供给能量，可以节约蛋白质和脂肪在体内的消耗。碳水化合物包括两大类：一类为无氮浸出物，包括淀粉和糖；另一类为粗纤维。在植物性饵料中，含有大量的淀粉和纤维素。在蜈蚣的体内，因无分解纤维素的酶，所以纤维素不能被分解利用。

蜈蚣对纤维素无特别的需求，一般要求纤维素的量尽可能低些，淀粉的量也不宜过高，过高影响蜈蚣的食欲，引起肠道不适甚至腹泻。

4. 矿物质

无机盐和微量元素在蜈蚣体内的生理过程中起着重要的作用。生物体内的矿物质有几十种，根据它在体内含量的多少分为常量元素和微量元素两大类，如钙、磷、钠、钾等蜈蚣体内含量较多的称为常量元素；而如铁、铜、锌、锰、碘等在蜈蚣体内含量较少的称为微量元素。

(1)钙与磷：钙与磷是组成外骨骼的重要成分，外骨骼中所含的钙占全身钙量的 90%以上，所含的磷量占全身总磷量的 75%。饵料中钙、磷不足时，外骨骼生长缓慢，蜕皮困难。

(2)其他元素：主要有调节渗透压、保持酸碱平衡和激活酶系统等作用，是蜈蚣体生长繁殖不可缺少的营养物质。因而在人工养蜈蚣时就要定期用复合微量元素饲喂黄粉虫、蚯蚓，或加入水中供蜈蚣饮用。

5. 维生素

维生素是蜈蚣生长繁殖不可缺少的物质，需求量虽然极微小，但参与蜈蚣体内的主要物质代谢，是代谢过程的激活剂。维生素的种类有30多种，主要有维生素A、维生素D、维生素E、维生素K、维生素B_1、维生素B_2、维生素B_{12}、生长素、叶酸、肌醇和维生素C等。

维生素的生理功能很多，饵料中无论缺乏哪一种维生素，都会造成新陈代谢紊乱，生长发育停滞，不蜕皮，同时抗病力下降，容易生病，如缺乏B族维生素会引起消化不良。所以，适量地在饵料或饮水中添加维生素，对维护蜈蚣的身体健康很有好处。

6. 水

水是蜈蚣机体的重要组成成分，也是蜈蚣体内营养物质的运输、消化与吸收、代谢终产物排出的载体。

第二节　蜈蚣的饵料种类

蜈蚣为典型的食肉性昆虫，性情较凶猛，凭着它具有能射出毒汁的颚爪，可捕食比它大得多的各类小型动物。蜈蚣食源广泛，从野外观察和试养观察结果，综合各地饲养经验，蜈蚣的饵料包括植物性饵料和动物性饵料两大类。

1. 肉食类饵料

肉食类饵料主要包括各种昆虫，如蟋蟀、蝗虫、烟虫、金龟子、稻苞虫、牛角虫、蝉、蜻蜓、蜘蛛，各种蝇蜂类的卵或蛹，蠕虫、蜗牛、蛞蝓、蚂蚁、蝙蝠、麻雀、鼠类、壁虎、蜥蜴、鸡血、杂骨、蝇蛆、地鳖虫、蚓蚯、黄粉虫、潮虫等。这类饵料含有丰富的蛋白质、脂肪、矿物质，质量好，适口性好，是蜈蚣的主要饵料。

2. 蛋类饵料

家禽的蛋具有营养价值高、适口性好的特点。如鸡蛋、鸭蛋和各种鸟蛋可作为一龄蜈蚣和体弱蜈蚣的滋补性饵料。饲喂时，将蛋打碎拌入植物性饵料中饲喂。

3. 植物类饵料

蜈蚣一般在食物不充足和饥饿的情况下，才摄食极少量的植物性饵料，如西瓜、黄瓜、苹果、梨、苔藓、青草嫩芽、根尖等。这类饵料维生素含量较高，但适口性差。

4. 碳水化合物饵料

常用的有脱脂米糠、麸皮、面粉、玉米粉等。这些饵料应经过蒸熟、炒黄炒香后与其他饵料混合才能饲喂。

5. 矿物质饵料

矿物质饵料有骨粉、贝壳粉(含钙、钾、磷、锌)等。

6. 维生素添加剂

维生素添加剂有维生素 B_1、维生素 B_2、维生素 B_{12}。一般每500克混合饵料中添加维生素 B_1 0.5克、维生素 B_2 0.1克、维生素 B_{12} 1.5克。

另外，南方人工饲养的蜈蚣主食饵料为泥鳅、黄鳝、小鱼、小虾和小蟹等。

第三节　饵料的获取

蜈蚣以动物性饵料为主要饵料，可采用诱捕、捕捉、人工养殖等方法获得饵料。

一、诱　捕

1. 灯光诱虫

有条件的地方可利用飞虫具有趋光的特点，在养殖场的上方装一盏黑光灯或荧光灯，灯下配装积虫漏斗，漏斗下端通入养殖室内。每年 4～10 月诱虫，开灯时间为每晚 8～12 时，此法可获得较多蚊类、夜蛾类等昆虫。

2. 食饵诱鼠妇（潮虫）

在阴暗潮湿的地方，挖一个坑，坑内放几个面盆，盆沿与地面齐平。在盆内放入一些炒熟的麸皮作诱饵，盆口上面盖一些干杂草，以遮光。到第二天早晨可捕到大量爬入盆内的鼠妇。捕捉后将其投放到蜈蚣养殖池，供蜈蚣捕食。

二、人工养殖

诱捕昆虫数量是有限的，养殖蜈蚣数量较多时，就必须养殖昆虫来作为蜈蚣饵料。昆虫应按计划提前养殖，以方便饲喂。

(一)黄粉虫的饲养

黄粉虫又叫面包虫，具有抗病力强、耐粗饲、生长发育快、繁殖力强等优点，体内含有丰富的蛋白质、脂肪和糖类，而且容易饲养，用低廉的麦麸、蔬菜叶、瓜果皮就可饲养。有一些蜈蚣供种者有配套养殖的黄粉虫，他们出售蜈蚣种苗时，常常配套赠予或出售黄粉虫，引种者也应该掌握其养殖技术，以便配套养殖蜈蚣的饵料。

黄粉虫可以在养殖池中生活10天左右，并且黄粉虫爬得慢，非常方便蜈蚣的捕食。即使被吃的只剩下不到1/3的身体，依然可以活上1～2天，用黄粉虫给蜈蚣当饵料无疑是个不错的选择。

1. 生活史

黄粉虫的发育过程要经过卵→幼虫→蛹→成虫四态的变化，需要4～5个月。人工饲养时，1只雌虫1年可繁殖2000～3000只幼虫。黄粉虫个体变态很不整齐，所以在活动期可同时出现卵、幼虫、蛹和成虫(图3-1)。

图3-1 黄粉虫发育过程

(1)卵：乳白色，椭圆形，米粒大小。卵的外面是卵壳，起保护作用，里面是卵黄。刚产出的卵有黏性，常粘有饵料的碎屑。卵最适宜的孵化条件为温度19～26℃，相对湿度78%～85%。卵的孵化时间随温度高低而异，10～20℃时需 20～25 天，25～30℃时只需 4～7 天。

（2）幼虫：刚孵出的幼虫很小，长约 3 毫米，乳白色。1～2 天后开始进食，并进行第一次蜕皮。如果温度在 25～30℃，饵料含水量在 13%～18%，大约 8 天蜕去第一次皮，变为 2 龄幼虫，体长增至 5 毫米。以后大约在 35 天内又经过 6 次蜕皮，最后成为 8 龄老熟幼虫，这时幼虫呈黄色，体长增至 20～25 毫米。

幼虫在蜕皮过程中，每蜕皮 1 次，体长均明显增加。幼虫有 13 个体节，其中头节 1 节、腹节 8 节、胸节 3 节、尾节 1 节；头部口器黑色，有 1 对颚和 1 对触角；眼小，仅有感光作用。幼虫生长最适的温度为 25～29℃，相对湿度为 80%～85%，气温低于 10℃时极少活动，低于 0℃或高于 35℃时则可能被冻死或热死。幼虫很耐旱，但在较干燥的情况下，幼虫有互相蚕食的习性。幼虫昼夜都能活动、摄食。在温度 25～28℃、相对湿度 50%～80%时，8 龄幼虫约经过 10 天即变成蛹。

（3）蛹：末龄幼虫化为蛹，蛹睡在饵料堆里，并无丝茧包被，有时还能自行活动。刚形成的蛹为乳白色，以后逐渐变黄、变硬，长约 16 毫米，头大尾小，两边有棱角，3 天后颜色加深变成黑褐色。雄蛹乳状突起较小，不显著，基部愈合，端部伸向后方；雌蛹乳状突起大而显著，端部扁平稍骨化，显著向外弯。蛹常浮在饵料的表面，即使把它放在饵料底下，不久也会爬上来。黄粉虫的蛹期较短，温度在 10～20℃时，15～20 天即可羽化成成虫；25～30℃时，6～8 天就能羽化成成虫。蛹期要求的最适温度为 26～30℃，最适相对湿度为 78%～85%。

（4）成虫：初羽化出的成虫为白色，逐渐转变为黄棕色、深棕色，2～3 天后转变为黑色，有光泽，此时开始觅食。成虫体长 14～19 毫米。

成虫尾节只 1 节，雄性有交接器隐于其中，交配时伸出；雌性有产卵管隐于其中，产卵时突出成虫羽化后4～5天开始交配、产卵，交配昼夜进行，但夜晚多于白昼。成虫一生中多次交配，多次产卵。每次产卵6～15粒，每只雌成虫一生可产卵30～350粒。最适宜成虫生活的温度为26～28℃，相对湿度为78%～85%，成虫昼夜都能活动、摄食。

2. 生活习性

（1）温度：黄粉虫较耐寒，越冬老熟幼虫可耐受－2℃，低龄幼虫在0℃左右即大批死亡。0℃以上可以安全越冬，10℃以上可以活动吃食。生长发育的适宜温度为25～28℃，超过32℃会热死。4龄以上幼虫，当气温在26℃时，饵料含水量在15%～18%时，应及时降温。

（2）湿度：黄粉虫耐干旱，理想的饵料含水量为15%，空气湿度为50%～80%。如饵料含水量超过18%，空气湿度超过85%，则生长发育减慢，容易生病。在特别干燥的情况下，黄粉虫尤其是成虫有互相蚕食的习性。

（3）食物：黄粉虫在自然界中，多栖息在粮食和饵料仓库中，成为仓库的一大害虫。黄粉虫属杂食性昆虫，吃食各种粮食、油料和粮粕加工的副产品，也吃食各种蔬菜叶。

（4）光线：黄粉虫怕光喜暗。成虫喜欢潜伏在阴暗角落、树叶、杂草或其他杂物下面躲避阳光；幼虫则多潜伏在粮食、面粉、糠麸的表层下1～3厘米处生活。雌性成虫在光线较暗的地方比强光下产卵多。人工饲养黄粉虫应选择光线较暗的地方，或者饲养箱应有遮蔽，防止阳光直接照射，影响黄粉虫的生活。

（5）喜群居：黄粉虫幼虫和成虫均喜欢聚集在一起生活。饲养时，如饲养密度过大，会提高群体内温度而造成高温热死幼虫。同时，食物不足导致成虫和幼虫产生食卵和食蛹。

3. 养殖场所与设备

养殖黄粉虫用箱、盆、水泥池等均可，要求内壁光滑，深 15 厘米以上，以免虫子外爬。目前较理想的饲养设备是用养殖盒饲养。

(1)养殖场所：养殖场所以室内为宜。室内喂养，能调节控制温度和湿度，便于管理，还可防止老鼠、鸟类等天敌的侵害。

(2)养殖盒：黄粉虫的养殖设备很简单，可用塑料盆、木盒等用具(图 3-2)，以塑料盒最为理想。其优点有三个：第一，塑料盒的内壁光滑，可防止黄粉虫外逃，而且价格低廉；第二，盒体轻巧，便于搬动和管理；第三，塑料盒可一层层摞起，充分利用空间，减少占地面积。养殖盒的大小，以搬动方便为宜。规格一般长 60 厘米、宽 40 厘米、高 12 厘米，用来养殖黄粉虫的幼虫和成虫。

图 3-2　黄粉虫的盒养殖

养殖者也可用 100 厘米×50 厘米×10 厘米的木板钉成四方形木盒，底部用胶合板钉紧，四周用宽胶纸贴紧，使盒子内部四壁光滑，防止虫子外爬。

(3)产卵筛：产卵筛可用 80 厘米×40 厘米×10 厘米的木板钉成，底部用铁丝网 51 目(筛麦用的)钉紧，成虫放在里面，产卵时把尾部伸出铁丝网产到产卵箱，产卵箱里可铺上一麸皮以免卵损坏。使用方法：把 100 厘米×50 厘米×10 厘米的方木盒放在底下，上面放上 80 厘米×40 厘米×10 厘米的铁筛子，里面放上产卵的成虫，撒入麸皮、蔬菜叶、瓜果皮等，任其自由采食，在撒饵料时，不能超过 1 厘米，以免成虫产卵时尾部伸不出铁丝网。当成虫产卵 7 天左右即换产卵箱，产卵箱要单独放，注意不要使卵受到挤压，以免损坏。当卵孵出幼虫时不必添加饵料，原先产卵箱的麸皮够幼虫吃的，随着虫子逐渐长大，根据实际情况，及时添加饵料，还要定期筛虫粪。产卵筛一般可做 6～8 个即可够用。

(4)分离筛：分离筛的木板规格和产卵筛木板规格相同。不同的地方用做底的不锈钢铁丝网的网目有 12 目的和 50 目的。12 目的筛用做幼虫和蛹的分离，一般只做 1～2 个为宜。50 目的筛用做筛取幼虫的粪便。分离筛四周木板的内壁也均贴上透明胶带，以防止幼虫外逃。

(5)养殖架：养殖架可用 2.5 厘米的三角铁焊接。规格为高 160 厘米、宽 50 厘米、长 130 厘米，各层隔 20 厘米即可。共可放 9 层养殖盒，每层放 3 个养殖盒，共计可放 27 个养殖盒，可养黄粉虫幼虫 100 千克左右。

4. 饵料

黄粉虫属杂食性昆虫，吃食各种粮食、油料和粮粕加工的副产品，也吃食各种蔬菜叶。人工饲养时，应该投喂多种饵料制成的混合饵料，如麦麸、玉米面、豆饼、胡萝卜、蔬菜叶、瓜果皮等。也可喂鸡的配合饵料。

幼虫和成虫的基础混合饵料配方如下，可供参考。

【配方 1】麸皮 45%，面粉 20%，玉米粉 6%，鱼粉 3%，黄豆粉 26%。另外，每 100 千克混合饵料中，添加复合维生素添加剂 3 克、微量元素添加剂 50 克。

【配方 2】麸皮 80%，玉米粉 10%，花生饼粉 9%，其他(包括多种维生素、矿物质粉、土霉素)1%。

【配方 3】麸皮 60%，碎米糠 20%，玉米粉 10%，豆饼粉 9%，其他（包括多种维生素、矿物质粉、土霉素）1%。

【配方 4】麸皮 80%，玉米粉 10%，花生饼粉 10%。

5. 饲养管理

（1）成虫的管理：成虫饲养的任务是使成虫产下大量的虫卵。当羽化后的成虫，在虫体体色变成黑褐色之前，就要转到成虫产卵箱中饲养。若需转移的数量较少，可以用手拣拾；若需转移的数量较多，可以用鸡毛翎将蛹和成虫扫到一头，在扫开的地方撒上一些新鲜麦麸，再放上一些白菜叶，成虫便会自行转移到新鲜饵料上去，这时便可将成虫迁移到成虫产卵箱中去。成虫产卵箱为长 60 厘米、宽 40 厘米、高 15 厘米的木箱，底部钉上网孔为 2～3 毫米的铁丝网，网孔不能过大，也不能太小。箱内侧四边镶以玻璃，以防止虫子逃跑。

放养成虫前在饲养槽中放一层厚约 4 厘米的基础混合饵料，在饵料表面铺一层筛孔直径为 3 毫米的筛网，筛网上再铺一层厚约 5 毫米的基础混合饵料。或先在箱底下垫一块木板，木板上铺一张纸，让卵产在纸上。箱内铺上一层 1 厘米厚的饵料，这样才能使成虫把卵产在纸上而不至于产在饵料中。在饵料上铺上一层鲜桑叶或其他豆科植物的叶片，使成虫分散隐蔽在叶子下面。为了防止过剩的干菜叶发霉，每隔 2～3 天就要将多余的菜叶清除干净。

投放雌雄成虫的比例为 1∶1。一般每平方米可放入成虫 4000～5000 只。

成虫在生长期间不断进食、不断产卵，所以每天要投料 1～2 次，将饵料撒到叶面上供其自由取食。在温度和湿度都适宜的情况下，羽化后的成虫经 5～6 天后便可以进行交配产卵，以后每隔 6～10 天再产一次卵。成虫产卵时多数钻到纸上或纸和网之间的底部，伸出产卵器穿过铁丝网孔，将卵产在纸上或纸与网之间的饵料中，这样可防止成虫把卵吃掉。每隔3～5天用鸡毛翎扫开一些饵料，将饵料和成虫移开，将卵转移到幼虫培育槽中，让其自行孵化。然后在原成虫培育槽中重新铺上白纸，将原饵料和成虫放回，让它们继续产卵。

成虫连续产卵3个月后，雌虫会逐渐因衰老而死亡，未死亡的雌虫产卵量也显著下降，因而饲养3个月后就要淘汰全部成虫，以免浪费饵料和占用产卵箱。

(2)幼虫的管理：幼虫的饲养是指从孵化出幼虫至幼虫化为蛹这段时间，均在孵化箱中饲养。孵化箱与产卵箱的规格相同，但箱底放置木板。一个孵化箱可孵化2～3个卵箱筛的卵纸，但应分层堆放，层间用几根木条隔开，以保持良好的通风。

孵化前先进行筛卵，筛卵时将箱中的饵料及其他碎屑筛下，然后将卵纸一起放进孵化箱中进行孵化。卵上盖一层菜叶或薄薄的一层麦麸，在适宜的温度和湿度范围内，6～10天就能自行孵出幼虫。刚孵出的幼虫和麦麸混在一起，用肉眼不易看得清楚。可用鸡毛翎拨动一下麦麸，如发现麦麸在动，说明有虫。

幼虫留在箱中饲养，3龄前不需要添加混合饵料，原来的饵料已够食用，但要经常放菜叶，让幼虫在菜叶底下栖息取食。幼虫在每次蜕皮前均处于休眠状态，不吃不动，蜕皮时身体左右旋转摆动，蜕皮一次需要8～15分钟。随着幼虫的长大，应逐渐增加饵料的投放，同时减小饲养密度。1～3周龄幼虫每平方厘米放养8～10只，4～6周龄则为5.5只，7～9周龄为4只，10～13周龄为3只，14周龄以上为1.7只。幼虫长到20～25毫米或更大时，可收获作饵料。

幼虫的粪便为圆球状，和卵的大小差不多，无臭味，富含氮、磷、钾成分，是良好的有机肥，并含有一定量的蛋白质，可作饵料。幼虫培育槽中的粪便，应每隔10～20天清除一次。在清除粪便的前一天，不再添加饵料，待清除粪便后方可喂食。清除粪便的办法是：用筛子筛出幼虫粪便。筛子可用尼龙纱绢做成，对前期幼虫的粪便应用 11～23 目的纱绢做筛布，对中后期幼虫的粪便则用 4～6 目的纱绢做筛布。总之，以能让幼虫粪便筛出，而幼虫又钻不出筛孔为原则。在筛粪时，要注意轻轻地抖动筛子，以免把幼虫弄伤，并注意检查所筛出的粪便中是否有较小的幼虫。若有，可用稍小一些规格的筛子再筛一遍，或者把筛出的粪便都集中放到一个干净的培育槽中喂养一段时间后再筛。

用来留种的幼虫，到 6 龄时因幼虫群体体积增大，应进行分群饲养，幼虫继续蜕皮长大。老龄幼虫在化蛹前四处扩散，寻找适宜场所化蛹，这时应将它们放在箱中或脸盆中，以防止逃走。化蛹初期和中期，每天要检蛹 1～2 次，把蛹取出，放在羽化箱中。避免被其他幼虫咬伤。化蛹后期，全部幼虫都处于化蛹前的半休眠状态，这时就不要再检蛹了，待全部化蛹后，筛出放进羽化箱中。蛹在饵料表面，经过 7 天后就羽化为成虫。

饲养幼虫除了提供足够的饵料外，主要是做好饵料保湿工作，湿度控制在含水量 15%，过于干燥时可喷水，但不宜太湿。可人工调节温度、湿度，使环境条件适于卵的孵化。在干燥、低温的秋、冬季节，可用电炉、暖气等加温；用新鲜菜叶覆盖饲养槽，在饲养室内悬挂湿毛巾，以提高空气相对湿度。在高温的夏季，可定时向饲养室房顶浇水降温。

6. 病害防治

黄粉虫的抵抗能力强，很少发病，但也有发病的情况出现，如患软腐病、干枯病等。健壮的成虫行动有急急忙忙、慌慌张张之态，健壮的幼虫爬行较快、食欲旺盛。若发现虫体软弱无力、体色不正常，就要检查其是否有病。

(1)软腐病：此病多发生在梅雨季节，主要是因为空气湿度大、饵料不干净;或在过筛时用力过大使虫体受伤或幼虫被咬伤或细菌感染所致。患软腐病时,虫体行动迟缓、食欲下降、粪便清稀、虫体变黑变软,而后便腐烂死亡,或因无力蜕皮而死亡。

防治方法:若发现病虫,及时拣除,以防止互相感染;停喂青饵料,清理残饵和粪便;设法通风排湿;保持适宜的密度;过筛时,动作要轻,以减少虫体受伤的机会;发病后,用0.25克金霉素粉拌入0.5千克饵料投喂。

(2)干枯病:此病一般在幼虫和蛹中发生,病因不明,在高温干燥的季节易发此病。成虫较少患此病。患病的虫体从头至尾干枯,而后整个虫体枯死,死后体色变黑。

防治方法:干燥季节适当多投喂一些青饵料,或在地上洒些水,以调节湿度;若发现病虫,在饵料中拌些酵母片和土霉素粉,增加含钙质食物,以提高虫体的抗病能力。

(3)壁虎:壁虎很喜欢偷吃黄粉虫,是培育黄粉虫的一大敌害,而且较难防范。一旦培育的黄粉虫被壁虎发现,它会天天夜里来偷吃。

防治方法:彻底清扫培育室,堵塞一切壁虎藏身之地,门窗装上纱网,防止壁虎进入。

(4)老鼠:老鼠不仅能吃黄粉虫,而且还偷吃饵料,会把培育槽内搞得一塌糊涂。

防治方法:堵塞鼠洞,关好门窗,最好能在培育室内养一只猫。

(5)鸟类:黄粉虫是一切鸟类的可口饵料,若培育室开窗时,往往有麻雀进入室内偷吃,一只麻雀一次可以偷吃几十条幼虫。

防治方法:关好纱窗,防止鸟类入室。开窗时要有人看护。

(6)蚁害:蚂蚁也喜欢偷吃黄粉虫和饵料。在培育室四周挖水沟防蚁或在培育槽的架脚处撒石灰粉防蚁。

(7)米象:米象又叫米虫,它主要是和黄粉虫争饵料。米象的幼虫还会使饵料形成团块,从而影响黄粉虫的生长和孵化。

防治方法:饵料在使用前用高温蒸,以杀死杂虫。

(8)螨:螨类无处不存在,各种螨类对黄粉虫危害极大,会造成虫体软弱、生长缓慢、繁殖力下降。螨类很小,用肉眼很难看得清楚,用低倍显微镜观察,可见到其形似小蜘蛛。

防治方法:搞好室内卫生,培育室在使用之前用甲醛和高锰酸钾消毒(先关好窗,20 平方米的室内用甲醛 100 毫升和 50 克高锰酸钾混在一起喷洒,立即关好门,待 2 小时后打开门窗通气);饵料在使用前,用蒸汽消毒,以杀死螨类;发现螨类时,可把饵料放在阳光下晒 5～10 分钟,若饵料中是幼龄虫不要晒太长时间;螨类严重为患时,可用 40%的三氯杀螨醇喷洒在墙角饵料上(用药一定要慎重,喷药时要戴口罩,施药后要把手清洗干净)。

7. 投喂

黄粉虫除筛选留足良种外,其余均可作为饵料使用。

蜈蚣的食量不是很大,一般一条成体蜈蚣每次食量约 1 克,所以只要隔两三天在养殖池内洒一次黄粉虫基本就能满足蜈蚣的生长需要了。但投喂时须根据蜈蚣的大小投喂黄粉虫的大小。若给幼蜈蚣喂较大的黄粉虫,幼蜈蚣捕食能力弱,捕不到食物,会影响其生长。有时幼蜈蚣还会被较大的黄粉虫咬伤。若给成年蜈蚣喂小虫子则会造成浪费,所以应依据蜈蚣的大小选投大小适宜的黄粉虫。一般幼蜈蚣投喂 1～1.5 厘米长的黄粉虫幼虫较为适宜;在蜈蚣取食高峰期,投虫量宁多勿缺;蜈蚣一般夜间出来捕食,要保证夜间有足够量的食物。

8. 干制

鲜虫放入锅内炒干或将鲜虫放入开水冲煮 1～2 分钟捞出,置通风处晒干,也可放烘干室烘干。也可用粉碎机粉碎即成虫粉。

(二)地鳖虫的饲养

地鳖虫属于节肢动物门、昆虫纲、蜚蠊目、鳖蠊科昆虫。地鳖虫又名土鳖、地乌龟、簸箕虫，药用名称土元。地鳖虫种类很多，常见的有中华真地鳖、云南真地鳖、西藏真地鳖、冀地鳖、金边地鳖等。地鳖虫含高蛋白、低脂肪，是饲养蜈蚣的优质昆虫饵料之一。

地鳖虫可以单独饲养，也可与蜈蚣混养。与蜈蚣混养(2 龄期的地鳖虫若虫也投放在池内，数量为每平方米 50 克即可)，可从中节省养地鳖虫的人工费用。蜈蚣吃不完的地鳖虫也可加工后出售，使蜈蚣成为纯增利润的产品。

1. 生活史

地鳖虫发育过程分卵、若虫和成虫三个阶段(图 3-3)。

卵和若虫　　雌成虫　　雄成虫

图 3-3　不同阶段的地鳖虫

(1)卵:地鳖虫的卵包在一个革质鞘袋中，称为卵鞘。卵鞘饱满，棕褐色，状似豆荚，表面有数条稍弯曲的纵沟，边缘呈锯齿状。卵鞘长 1 厘米左右，宽 0.5 厘米左右，内有成双行互相交错排列着的卵粒，数量 6～30 个不等。

(2)若虫:刚孵化出的若虫呈乳白色，体形似芝麻。随龄期的增长，体色逐渐加深，变为棕褐色，体形变为椭圆形。若虫的雌雄在幼龄期间目测难以区分，待其发育到4～5龄时，可根据若虫中后背板后缘的形态特征加以鉴别：雄若虫该处着生翅芽，形成45°盾形曲线；雌若虫翅芽退化，形成70°的弧形曲线。

(3)成虫：雌成虫无翅，体形扁平，呈椭圆状，背部稍隆起似锅盖，体长3～3.5厘米，体宽2～2.5厘米。虫体边缘较薄，背面棕褐色，稍有光泽，腹面为棕红色。头小，隐于前胸下，觅食时则伸出。有咀嚼式口器。触角丝状，前后粗细相等。有复眼和单眼，复眼大，位于触角外侧，呈肾形，两复眼之间的上方有2个单眼。胸部由3节组成，前胸背板呈三角形，中间有花纹，中后胸的背板较窄。腹部9节，呈覆瓦状排列，其中第8～9节向内收缩于第7节内。

肛上板扁平，近似长方形，中间部位有一小切口。胸部有足3对，较发达，足部胫节有细毛，多刺，基节隐藏于胸部腹面的基节窝内，跗节5节，末端有爪1对，无爪垫。腹部末端有1对较小的尾须。

雄虫体色较浅，为淡褐色，身体小于雌虫，体长2.5～3厘米，宽1～1.5厘米。腹部有2对翅膀，较发达。前翅革质，脉纹清晰可见；后翅膜质，半透明，平时折叠于前翅下。前胸后缘呈波状，腹部末端上方有尾须1对，下方有腹刺1对。

2. 生活习性

(1)栖息地：地鳖虫喜欢生活在阴暗、潮湿、腐殖质丰富、稍偏碱性的疏松土壤中。一般生活在鸡棚、鸭棚下和畜圈周围、地窖、厨房、灶脚、墙脚的松土层中，碾米厂、油厂、粮食及饵料加工厂、粮油仓库、柴堆草垛等场所的阴暗角落，以及室外石板下、枯树根处、垃圾堆中。

(2)穴居性：地鳖虫喜穴居。立冬前后，气温下降，开始冬眠，蛰居在向阳避风、距离地面5厘米深的土中越冬，翌年惊蛰后出土觅食。

(3)昼伏夜出：地鳖虫怕日光，尤其怕强光直射，白天进入浅土穴居，黄昏后(或阴雨天)出来四处活动、觅食或交配。

(4)冬眠性：地鳖虫属冬眠性昆虫。春季气温在10℃以上时，地鳖虫开始出穴活动寻食；秋季气温降至10℃以下时进入土中冬眠。

(5)食性：地鳖虫是一种杂食性昆虫，食性广泛，主要有各种菜叶、植物叶、水果皮、瓜瓤、无毒青草以及各种粮油下脚料和加工后的副产品。若虫和成虫食性基本相同。人工饲养地鳖虫时，应以糠、麸、牧草粉、鲜牧草、甘薯叶、青割玉米、瓜果、南瓜等为主，这类饵料营养价值较高，适口性好，来源广，成本低。

(6)互相残杀性：地鳖虫的饲养密度大、湿度低、饵料缺乏时，会发生大虫吃小虫、壮虫吃弱虫、虫吃卵的现象。

(7)温度、湿度：适宜温度15～35℃，最适宜温度25～30℃。春季气温在10℃以上时，地鳖虫开始出穴活动寻食，秋季气温降至10℃以下时进入土中冬眠。低于0℃时，处于僵硬状态，少数虫体死亡。温度上升到35℃之后，生长速度减慢，产卵量大大减少。

地鳖虫喜欢在阴暗、潮湿、腐殖质丰富的疏松土壤中生活。土壤适宜含水量15%～20%。幼虫宜偏干，成虫宜偏湿。适宜空气相对湿度70%～80%。

3. 养殖方式与设备

(1)养殖方式：饲养地鳖虫可采用缸养、盆养、池养和立体多层养殖台等方式养殖。

①缸养：缸口径50～60厘米，缸深30～50厘米。缸内壁要光滑，以防止地鳖虫外逃。缸盖要有能通气的孔。缸底铺3～7厘米厚的小石子，其上再铺6～7厘米的湿土并夯实夯平。湿土上面再放15～20厘米的饲养土。为节省空间，可5～10只缸叠起来放。

上、下缸之间垫草圈或草箍。冬季为了保温,可将缸的一半或全部埋入地下。

②池养:比较适合较大规格的生产养殖。选择旧房或专用房做养殖室。为利于低温季节加温控温养殖,房舍应密闭、无漏洞,要开有前后窗,房内建养殖池。养殖池大小根据房舍面积而定,一般池长、宽各 1 米,高 0.5 米。池底整平夯实,四周表层抹水泥,使表面光滑。池壁内侧上缘贴 5 厘米宽的玻璃条或胶带,以防止地鳖虫逃跑。池内放养殖土 20 厘米厚。若虫和成虫按不同时期分开养殖。

③箱式立体养殖:将相同规格的饲养箱重叠起来,可以进行立体集约化养殖。先做好木箱与架子。架子可用钢筋、角铁焊接或用竹、木搭架,也可用砖、水泥板等材料建筑垒砌。养殖箱长 50 厘米、宽 35 厘米、高 30～50 厘米,放在饲养架子上,一般放 4～5 层。在箱中垫 10～20 厘米饲养土,上面加盖透气的防逃网。养殖时,注意通风换气,调节温度与土壤湿度,保持土壤的清洁与室内卫生。

(2)养殖用具:养殖地鳖虫最常用的工具是筛子。筛子分 5 种:1 号筛,筛孔内径 10 毫米,用于筛取成虫;2 号筛,筛孔内径 7 毫米,用于分离 7～8 龄若虫;3 号筛,筛孔内径 4 毫米,用于筛取卵鞘;4 号筛,筛孔内径 3.5 毫米,用于筛取刚孵化出的若虫;5 号筛,筛孔内径 1.2 毫米,用于分离初孵化若虫和筛取初孵若虫身上寄生的粉螨。筛子大小以实用、方便为宜。

此外,还有卵鞘孵化器(可使用缸、铁桶、木箱、塑料盒、塑料盆等)、喷雾器、干湿温度计、食料板等。

(3)饲养土:人工养殖地鳖虫,饲养土是地鳖虫的主要栖息场所,直接关系到地鳖虫生长发育。要求饲养土土质肥沃、疏松、含水量 15%左右、颗粒适中(用 4 目筛筛过的颗粒)以及没有被化肥、农药等污染,呈中性或弱碱性。配制饲养土时,要求各组分在太阳光下暴晒消毒，混合均匀，加水调湿，使含水量 15%左右。饲养土的使用厚度：1～4 龄虫 7～10 厘米；5～8 龄虫 16～20 厘米；9～11 龄虫和成虫 20～26 厘米。常用的饲养土配方如下：

①将稻糠灰（粗糠焚烧而成）、锯末、壤土按 1∶1∶1 配比加入适量的水充分拌匀。

②锯木屑 40%，泥土 50%，10%草木灰或焦泥灰，混合均匀后加水发酵 1 周。

③堆肥土加 1%～2%已风化的石灰粉。

④泥炭加 1%～2%已风化的石灰粉和适量砻糠灰。

⑤松土加 10%～20%已腐熟的畜禽粪和 1%～2%已风化的石灰粉。

4. 饵料

主要是粮食、油料加工后的副产品和下脚料，如碎米、大麦、高粱、玉米、小麦、麦麸、米糠、晒干的粉渣等。一般均可生喂，或炒成半熟略带芳香味，更适口，但不得炒焦。此外，各种蔬菜、农作物的茎叶等亦可做饵料。人工饵料配合如下：

(1)玉米粉 52%，骨粉 5%，麦麸 26%，豆饼 10%，鱼粉 5%，菜叶粉 2%。

(2)发酵鸡粪 50%，秸秆粉 30%，青饵料 20%。

5. 饲养管理

养殖前，清理饲养场地，饲养室窗户和通气口安装纱窗。饲养房、饲养池、饲养用具使用前消毒。每立方米空间用 1%漂白粉澄清液 10～30 毫升，或用 0.1%的新洁尔灭溶液对空喷雾消毒；用 1%～2%的福尔马林溶液或用 3%～5%的甲酚皂溶液对墙壁、室顶、饲养池喷雾消毒。

(1)饲养密度：1～3 龄若虫每平方米 6000～10000 只，4～6 龄若虫每平方米 3000～5000 只，7～9 龄若虫每平方米 1500～2000

只，10～11 龄若虫每平方米 1000 只左右，种虫每平方米 400～500 只。

(2)分档管理：一般分 1～3 龄若虫、4～7 龄若虫、8～11 龄若虫、成虫分档饲养管理，以免地鳖虫有大虫吃小虫、壮虫吃弱虫情况。

(3)喂养：低温月份隔天喂 1 次，高温月份每天喂 1～2 次。夏秋高温季节，每天要加喂 1～2 次青饵料。精料傍晚前后投放，青料早晨投放。每天喂食后应观察饵料余缺情况，原则上掌握精料吃完，青料有余。4 龄前的小若虫，将饵料均匀地撒在养殖土表层即可。5 龄以上若虫和成虫，在饲养土表放置一至数块薄木板或塑料纸板作为饵料板，将精饵料放在饵料板上，青饵料可直接放在饲养土上。地鳖虫蜕皮前后食量减少应少喂，蜕皮期间停止取食则不喂。当发现饲养土表面有许多虫皮，或体色较浅的个体多时，说明大部分虫子已蜕完皮，急需大量食料，要及时恢复正常喂食。冬眠期可不喂食，但气候突然变暖，发现有虫出土活动时，也应适量撒点精饵料供其取食。

(4)供水：夏季在饲养池内设几个小水盆，供地鳖虫饮水，并经常向池内洒水。冬眠时应避免池内长期干燥。在喂给半干湿料的情况下，春秋季节应保持池内湿润(饲养土湿度 20%)。

(5)换饲养土：地鳖虫饲养池中的饲养土，是主要的栖息场所，一般情况下 1 年更换 1 次。

(6)分离雄虫：若虫发育到 7～8 龄时，留雌虫数的 25% 的健壮雄虫满足交尾的需要，去除过多的雄虫做饵料。雌雄虫的区别：雌虫胸背部 3 条横纹的第 2、第 3 条弧呈月牙形，弧角 70°左右，雄虫弧角 40°左右；雌虫腹部有 4 条横纹，雄虫有 6 条；雄虫腹末端尾须之间有一条横纹连结，雌虫横纹离尾须较远；爬行时，雄虫六足竖起，姿态较高；雌虫六足伏地，姿态较低。

(7)选种：发现雄虫出翅后要及时选种。选择发育早、体形大而健康、反应能力强、爬行速度快的雌成虫留作种虫，集中于一池饲养，同时选择占雌虫数25%左右的健壮雄虫进行交尾繁殖，产生优良后代。这种工作每隔5～7天进行1次，直到留够自己需要的留种雌虫数为止。留种雌虫养殖密度为每平方米400～500只（包括雄虫在内）。留种雌虫新产的卵鞘，大部分为优质卵鞘，要筛选留作种卵鞘。雌成虫体长2～3厘米，宽1.5～2.0厘米，无翅，形如龟鳖，黑色而具光泽，腹部和足呈棕色。雄成虫体长2厘米，宽约1.2厘米。前胸前缘呈波状，具翅2对，前翅革质，后翅膜质，呈淡灰色。腹部灰白色。头上生有2根比雌成虫长约1倍的触须。

(8)及时采收老龄成虫：已经产完卵的老龄成虫，腹部干瘪，身体扁平，体表失去了光泽，体形收缩，要及时采收加工。同时，要及时采收不适宜做种的雌成虫做饵料。

(9)筛取卵鞘，及时孵化：地鳖虫在饥饿或环境不利的情况下会食卵鞘，为避免这一损失，应及时将所产卵鞘取出放入孵化池或孵化缸内待孵。筛取时，宜用相应孔目的套筛，动作要轻，以免损伤卵鞘，碰伤母虫。

在盆内盛满与室内温度一样的清水，把装有卵鞘的6目筛置于盆中，轻轻漂动，洗去泥土，然后晾干。清洗动作要轻巧，要求2分钟内清洗完毕。用钵、盆、缸等孵化。按孵化土与卵鞘1∶1的比例把卵鞘拌匀于孵化土中。每天翻动1次孵化土，3天左右换土1次。如果孵化土湿度偏低，可将孵化土筛下，适量加水调和拌匀，再行使用，或换土。孵出幼虫后，先用6目筛筛出卵鞘，筛出的卵鞘再按1∶1的比例拌入新鲜孵化土，放入容器中继续孵化。再用17目筛筛出刚孵化的若虫，放入饲养缸或饲养盒中饲养，待蜕完第1次皮之后，移入幼虫池饲养。

(10)越冬管理：立冬前后，气温下降到10℃以下，地鳖虫进入冬眠。管理要点如下：冬眠前半个月要翻饲养土1次，检查饲养土中是否有害虫隐藏。越冬前 1 个多月中，适当增加精料和蛋白质饵料，以增强体质。增加饲养土厚度，以利于保温，饲养土的湿度可稍干一些。虫体休眠后，饲养土上面覆盖 2 厘米厚的砻糠灰或草木灰，坑池上加盖 6 厘米厚的稻草或草帘。

6. 病害防治

(1)大肚子病：又称鼓胀病、腹胀病、肠胃病，属生理性病害。由于池内过于潮湿，饵料含水量较大，地鳖虫暴食脂肪性饵料后，体内水分营养积累过多而引起。常发生在地鳖虫刚刚开始活动取食的 4、5 月和即将冬眠的 9、10 月。在梅雨潮湿季节也常有发生。病虫表现为腹部膨胀而发亮，头部变尖，粪便稀。

防治方法：高温潮湿季节，注意调节饲养土的湿度不超过 10%，青绿、多汁饵料要注意含水量。打开门窗通风换气，降低养殖土湿度，或更换新土。按每 0.5 千克饵料加氯霉素粉 4 克、酵母片 6 片(研末)的比例搅拌均匀，连续投喂 3～4 次。100 千克精料加 1～1.5 克土霉素或 100 克黄连粉或大蒜，每天 1 次，连喂 3 天。在每千克饵料中加入 2 克酵母或食母生片和 1 克复合维生素 B 片，每天投喂 1 次，连喂 3 天。

(2)萎缩病：又称湿热病。由于饲养土干燥、虫口过密、土无湿度缺水或营养不良而造成。常发生在 7～9 月。病虫表现为腹面暗绿，有斑点，脚收缩，触须下垂，全身柔软，行动呆滞，蜕皮困难，晚上不食，白天大部分爬出土面萎缩而死。

防治方法：调节饲养土湿度，保持不干不湿。调节虫体密度，减少虫体拥挤和虫体的发热量。高温时，要打开饲养室门窗，地面喷水，防止闷热，降低室温；饵料宜拌得稍湿一些，并增喂一些青绿多汁饵料；精料用 2%的盐水拌成与饲养土一样的湿度，边拌边喂。对患病地鳖虫，筛选出来后，用 2%浓度的食盐水喷湿虫体。

(3)绿霉病：又称软瘪病或体腐病，是严重危害地鳖虫的主要疾病之一。由于养殖土过湿，剩余饵料发酵霉烂，使地鳖虫受到真菌感染。梅雨季节，气温高、湿度大时最易发生。病虫表现为腹部呈暗绿色，有斑点，六足收缩，触角下垂，全身瘫软，行动呆滞，晚上不出来觅食，白天爬出土面死亡。

防治方法：控制养殖土湿度，调整虫口密度。消毒养殖池，对拣出的虫体用 0.5％的福尔马林溶液喷洒灭菌。饵料中用 0.25 克氯霉素或金霉素、土霉素、小苏打拌入 0.25 千克麦麸中喂地鳖虫，连喂 2～3 次，直到痊愈。

（4）卵鞘霉腐病：又称卵鞘白僵病、卵鞘曲霉病。由于卵鞘存放和孵化期间，卵鞘因受伤或感染而导致霉变。发霉的卵鞘，内中卵粒腥臭，并在卵鞘口上长出白色丝菌。

防治方法：孵化土要经暴晒或蒸汽消毒。孵化时，每隔 3 天应筛 1 次，将筛出的幼虫放入幼虫缸内饲养。保持孵化土一定的湿度。

（5）线虫病：线虫寄生在卵鞘和地鳖虫的肠道内，使卵鞘发霉腐烂以及使虫体消瘦、早衰、腹泻、产卵量减少，甚至死亡。

防治方法：及时烧掉患病虫体和卵鞘，更换新土，对饲养池进行消毒、杀虫处理。要清洗青绿多汁饵料。

（6）蚂蚁：饲养室外，沿地基四周挖水沟，水沟宽 10～15 厘米，深 15～20 厘米，并灌满水。在饲养室外墙四周，撒一些生石灰，使蚂蚁不敢进入室内。用氯丹粉 50 克加黏土 25 克，用水调成浆状，用毛笔或刷子蘸上后在饲养室内墙四周画一条线，可有效地防止蚂蚁入侵。把骨头放入池内，诱杀蚂蚁，蚂蚁爬到骨头上后立即取出骨头，放入开水中将蚂蚁烫死。用 25 克蜂蜜、25 克硼砂、25 克甘油、250 克温水混合拌匀，放在饲养场的四周诱杀蚂蚁。如养殖池有大量蚂蚁，应将地鳖虫用筛子筛出，更换新饲养土。

（7）粉螨：卵鞘孵化期间，筛出卵鞘后，用 0.5％高锰酸钾水溶液冲洗卵鞘，或用紫外灯照射，可杀死卵鞘上螨虫卵。及时清除死虫，清扫池面污物、霉变食物。饲养土应先日晒，消毒后再用。虫害发生后可用豆油、香油拌和面粉或用炒熟的肉骨头、鱼等作香饵，白天放在饲养板上诱捕螨，每隔 1～2 小时清除 1 次（用开水冲泡或复炒后可再用），连续多次，效果较好。

7. 投喂

1～2 龄地鳖虫若虫是 2～3 龄幼蜈蚣的最佳食物。如果土鳖虫数量较多，可加工药材或虫粉。

8. 采收

单独饲养地鳖虫的 7～8 龄雄若虫、老龄雌成虫、产卵后虫体干瘪的雌成虫及病虫、死虫均可采收进行加工。与蜈蚣混养的可把蜈蚣吃剩下的地鳖虫进行加工。

当同一批若虫中有少量发育早的雄虫羽化时，表明大量雄虫将开始蜕皮羽化。雄虫过多，不但消耗饵料，而且占据饲养场所，应抓紧时机去雄采收，只留 10%左右的雄虫，让其羽化做种虫。去雄时，应将同一批孵化的，同龄中健壮、活泼、体型大、色泽鲜艳、肢体齐全的雄虫保留下来，把那些体小质差、干瘪无力的雌成虫挑出来。对那些留种的雄若虫和雌虫，待长到一定阶段时，结合去雄和留种，可把发育完全的淘汰雌虫以及产卵率明显下降的雌虫采收加工（雌虫个体丰满，折干率高，且质量也好）。

9. 地鳖虫的加工

地鳖虫的加工可分为晒干和烘干两种方法，也可用干制品加工成虫粉。

（1）晒干：采收后，先去掉杂质，然后用含盐 3%的开水将其烫死。捞出后用清水洗净，在竹帘或平板上摊开，在阳光下晒 3～4 天，虫体完全干燥后即成。

一般情况下，雌虫折干率为 40%左右，雄虫折干率为 32%左右。

(2)烘干:将采收洗净后的地鳖虫放入锅内,用文火烘炒。当虫足尖端微粘锅铲时将虫取出,均匀摊开放在金属筛内,置于炉火上,用燃料余热烘烤,虫体干燥后即成。烘干时,每次数量不宜太多,以免翻炒时将虫体铲碎。

(三)蚯蚓

蚯蚓属于环节动物门、寡毛纲,常见的陆生蚯蚓属于后孔寡毛目。蚯蚓是养殖蜈蚣的优质蛋白饵料之一,它还能处理有机物,消除环境污染,改良土壤。蚯蚓也是一味传统药材,中药称为地龙。

蚯蚓的分布很广,遍布于全世界。我国蚯蚓有160多种,常见的养殖品种有太平2号、北星2号、赤子爱胜蚓(俗名红蚯蚓)、威廉环毛蚓(俗名青蚯蚓)。蚯蚓生长发育快,繁殖力强,容易饲养,养殖技术简单。

1. 生活史

蚯蚓(图3-4)的生活史包括一个生殖细胞的产生、形成和受精,到成蚓的衰老、死亡。蚯蚓的生活史一般人为地分为蚓茧形成、胚胎发育和胚后发育三个阶段。

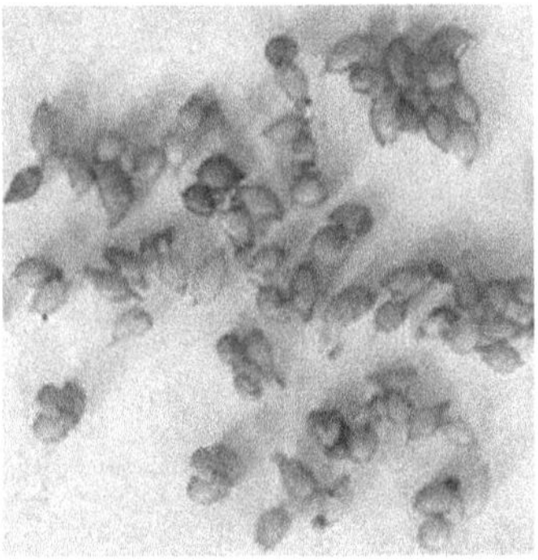

蚓茧

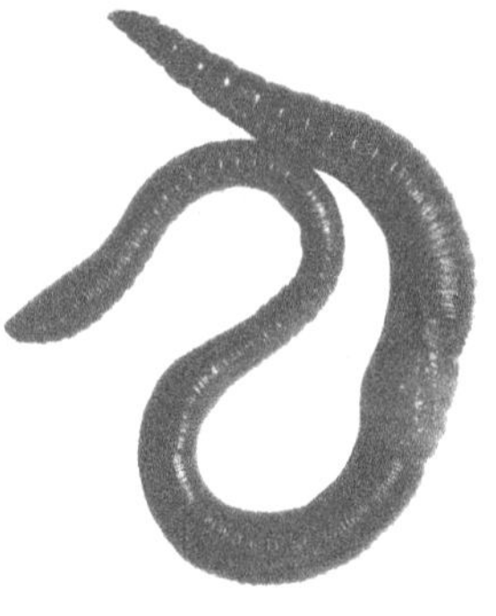

成蚓

图3-4 不同阶段的蚯蚓

(1)蚓茧形成

①生殖细胞的产生:随着个体生长,生殖腺逐渐发育,其内也逐步进行着生殖细胞的产生过程,到一定的时期,再排入贮精囊或卵囊内,进一步发育成精子或卵子。蚯蚓的卵多为圆球形、椭圆形或梨形。赤子爱胜蚓卵的直径只有 0.1 毫米,由卵细胞膜、卵细胞质、卵细胞核以及最外面一薄层由卵本身分泌的卵黄膜所构成。

②蚯蚓的交配:雌雄同体,异体交配。

③排卵与受精:排卵是指蚯蚓通过雌孔将卵排出体外的过程。当受精囊孔途经雏蚓茧时,原来交配所贮存的异体精液就排入雏蚓茧内,从而完成受精过程。

④蚓茧形成:从环带开始分泌蚓茧膜及其外面细长的黏液管起,经排卵到雏蚓茧从蚓体最前端脱落、前后封口成蚓茧止,是蚯蚓茧形成的全过程。初产蚓茧多为苍白色、淡黄色,随后逐渐变成黄色、淡绿色或淡棕色,最后可能变成暗褐或紫红色、橄榄绿色。多为球形、椭圆形,有的为袋状、花瓶状或纺锤状,少数为细长纤维状或管状。

⑤蚓茧的含卵量:同种类蚯蚓,蚓茧含卵量不同。有的仅含一个卵,有的则含多个卵。

(2)胚胎发育:蚯蚓的胚胎发育是指从受精卵开始分裂起,到发育为形态结构特征基本类似成年蚯蚓的幼蚓,并破茧而出的整个发育过程(即孵化)。它包括卵裂、胚层发育、器官产生三个阶段。蚯蚓胚胎发育的完成即为蚓茧孵化过程的结束。孵化所需时间及每个蚓茧孵出的幼蚓数,因种类、孵化时的温度、湿度等生态因子而变。每个蚓茧一般孵出幼蚓 1～7 条,孵化时间为 2～11 周。

(3)胚后发育:幼蚓由蚓茧中孵化出来,经生长发育到达性成熟、生殖,然后逐渐衰老乃至死亡。蚯蚓的寿命为 1～3 年。

2. 生活习性

(1)喜温:适宜温度为5～30℃,最适温度在20℃左右,32℃以上停止生长,10℃以下活动迟钝,5℃以下处于休眠状态。

(2)喜湿:白天栖息在潮湿、通气性能良好的中性或微酸、微碱性土壤中,适宜湿度在60%～70%。

(3)怕光:栖息深度一般为10～20厘米,夜晚出来活动觅食。

(4)怕盐:盐料对蚯蚓有毒害作用。

(5)食物:蚯蚓是杂食性动物,以腐烂的落叶、枯草、蔬菜碎屑、作物秸秆、禽畜粪、瓜果皮和造纸厂、酿酒厂或面粉厂的废渣以及居民点的生活垃圾为食。特别喜欢吃甜食,比如腐烂的水果,亦爱吃酸料,但不爱吃苦料和有单宁味的食料。

(6)繁殖:一般4～6月龄性成熟,一年可产卵3～4次,每年3～7月和9～11月是蚯蚓繁殖旺季。蚯蚓的寿命为1～3年。

3. 饲养方式

蚯蚓饲养场所可在室外饲养,也可在室内饲养(水泥池养殖床、多层式箱养、盆养)。饲养场所应遮荫避雨,避免阳光直射,排水、通风良好,湿度适宜,环境安静,无农药和其他毒物污染,并能防止鼠、蛇、蛙、蚂蚁等的危害。

(1)池养:可利用屋角等闲置地方,建池养殖。在室内用砖砌成5平方米大小的方格池,高25厘米左右,垫10厘米以上松土。或建成长2米、宽2.5米、深0.4～0.5米的池,或按行距0.5米左右一个挨一个地排列建造。

如果地下水位较高,可不挖池底,在地上用砖直接垒池。如果地势高而干燥,可向下挖40～50厘米深池,以利于保持池内的温度和湿度。

(2)床养:在地面上直接铺养殖土做成养殖床。养殖床面积5～6平方米大小,四周设宽30厘米、深50厘米的水沟,既可排水，又可作防护沟。

(3)缸养：在缸底钻 1～2 厘米圆孔用于排水，铺上 10 厘米厚的养殖土。

(4)箱或筐养：可利用包装箱、纸箱或塑料箱、柳条筐、竹筐等养殖。箱、筐的面积不超过 1 平方米。养殖箱的底部和侧面均应有排水、通气孔。排水、通气孔孔径为 0.6～1.5 厘米。

(5)箱式立体养殖：将相同规格的饲养箱重叠起来，可以进行立体集约化养殖。先做好木箱与架子。架子可用钢筋、角铁焊接或用竹、木搭架，也可用砖、水泥板等材料建筑垒砌。养殖箱长 50 厘米、宽 35 厘米、高 25 厘米左右，放在饲养架子上，一般放 4～5 层。在箱中垫 10 厘米以上松土，上面加盖透气的防逃网。养殖时，注意通风换气，调节温度与土壤湿度，保持土壤的清洁与室内卫生。

(6)沟槽养殖：选择背风遮荫处，开挖沟槽养殖。沟槽长 10 米、宽 2 米、深 60～80 厘米。沟的上面一侧稍低，一侧稍高，有一定的倾斜度。沟底铺 15 厘米厚的养殖土，沟上用薄膜、竹帘、塑料板等防雨材料覆盖，可放养 3000～5000 只蚯蚓。沟的表面四周应开好排水沟，沟底养殖土堆放成棱台形，以利于排水。

(7)田间养殖：选用地势比较平坦，能灌能排的桑园、菜园、果园或饵料田，沿植物行间开宽 35～40 厘米、深 15～20 厘米的沟槽，施入腐熟的畜禽粪、生活垃圾等有机肥料，上面用土覆盖 10 厘米左右，放入蚯蚓进行养殖。沟内应经常保持潮湿，但又不能积水。这种养殖方式不宜在种植有柑橘、松、枞、橡、杉、桉等的园林中开沟放养。也可进行田间规模养殖。

(8)半地下室养殖：选择背风、干燥的坡地，向地下挖 1.5～1.6 米深、2.5 米宽、长度自定的沟。沟的一侧高出地面 1 米，另一侧高出地面 30 厘米，形成一个斜面，斜面用双层塑料薄膜覆盖。

(9)地下窖养殖：利用人防工事、防空洞、地洞、地坑或土窖等阴暗、潮湿、保温的地点进行养殖。

(10)简易堆料养殖：选择地势较高、靠近水源又不积水的平地作养殖场。利用马、牛、羊粪或其他畜禽粪便再加入30%的干草料拌匀堆沤发酵而成堆料。将堆制好的饵料调节好湿度后铺于选定的地点，堆料宽1～1.2米、厚15厘米。均匀投入含卵块及幼蚓的蚓种，上面再覆盖厚5厘米的堆料。用薄膜覆盖。为防止蚯蚓逃逸，用网目3毫米的尼龙网围护，或挖水沟围护。

4. 饵料

培育蚯蚓的饵料的调配比例一般为主食(落叶、枯草、废纸等多纤维物质)占60%，副食(产业废料等)占40%，含水分以70%～75%为最佳。在畜禽粪便中，牛粪、猪粪、兔粪都可以作蚯蚓的饵料，其中以兔粪为最好，但是不能用鸡粪。如果用造纸污泥或其他产业废料作蚯蚓的培育饵料，其中再掺进一定比例的稻草和牛粪，制成堆肥或掺进活性污泥40%和木屑20%，都可以达到良好的培育效果。

养殖蚯蚓的原料一般要进行堆沤发酵处理，以便蚯蚓取食。

(1)发酵料配方：发酵料配方中，粪料主要是牛粪、马粪、猪粪、羊粪、鸡粪、腐烂的水果、蔬菜等，草料主要是植物秸秆、茎叶、杂草、垃圾等，其中以牛粪和稻草效果最佳，猪粪次之。常见配方如下：

配方一：粪料60%，作物秸秆或青草40%。

配方二：粪料70%，作物秸秆或青草20%，麦麸10%。

配方三：牛粪、马粪各25%，玉米秸49%，尿素1%。

配方四：牛粪60%，稻草或麦草40%。

配方五：粪料40%，作物秸秆或青草57%，石膏粉2%，过磷酸钙1%。

(2)原料发酵处理：发酵是将饵料中复杂的高分子有机化合物

通过细菌或酵母分解为简单的低分子有机化合物的过程。有机物经过发酵腐熟，具有营养丰富、细、软、烂、容易消化吸收、适口性好等特点。

(3)原料处理：捣碎牛粪等畜禽粪便；粉碎杂草、树叶、稻草、麦秸、玉米秸秆等植物类原料，铡切成1厘米左右；将蔬菜、瓜果切剁成小块；剔除碎石、瓦砾、金属、玻璃、塑料等有害物质。

(4)发酵条件

①温度：温度对原料堆的分解发酵有重要影响。微生物适宜生活温度为15～37℃，其中好气性微生物生活的最适温度为22～28℃，兼气性微生物生活的最适温度为37℃左右，耐热微生物生活的最适温度为50～65℃。

②原料含水量：含水量控制在40%～50%，即堆积后堆底边有些许水流出。

③pH值：微生物对酸碱度反应十分敏感，pH一般在6.5～8.0。过酸可添加适量石灰，过碱可用水淋洗。

(5)堆制发酵

①预湿：将草料浸泡吸足水分，预堆10～20小时。干畜禽粪同时淋水调湿预堆。

②建堆：先在地面上按2米宽铺一层20～30厘米厚的湿草料，接着铺一层厚3～6厘米的湿畜禽粪。然后再铺厚6～9厘米的草料、3～6厘米的湿畜禽粪。这样一层粪料、一层草料，交替铺放，直至铺完为止。堆料时，边堆料边分层浇水，下层少浇，上层多浇，直到堆底渗出水为止。料堆应松散，不要压实，料堆高度宜在1米左右。料堆成梯形、馒头形或圆锥形，最后堆外面用塘泥封好或用塑料薄膜覆盖，以保温、保湿。

③翻堆：堆制后第二天堆温开始上升，4～5天后堆内温度可达60～75℃。待温度开始下降时，要翻堆进行第二次发酵。翻堆时要求把底部的料翻到上部，边缘的料翻到中间，中间的料翻到边

缘，同时充分拌松、拌和，适量淋水，使其干湿均匀。第一次翻堆1周后，再做第二次翻堆，以后隔6天、4天各翻堆一次，共翻堆3～4次。

(6)发酵饵料处理

①鉴定：培养料发酵30天左右，无臭味、无酸味。色泽为茶褐色。手抓有弹性，用力一拉即断，一种特殊的香味，即表明发酵腐熟。

②投喂前的处理：将发酵好的培养料摊开混合均匀，然后堆积压实，用清水从料堆顶部喷淋冲洗，直到饵料堆底有水流出，清除有害气体和无机盐类、农药等有害物质。饵料的酸碱度在6.5～8.0都可使用。含水量可控制在37%～40%，即用手抓一把饵料挤捏，指缝间有水即可。若过干，则需加水；若过湿，则要晾干一些。

③试投：使用前，先用少量蚯蚓试验饲养，经1～2昼夜后，如果有蚯蚓自由进入栖息、取食，无任何异常反应，即可大量正式投喂。否则，说明原料腐熟不完全，要继续发酵后才能使用。

(7)注意事项

①冬季要注意选择温暖、避风寒的地方堆料，夏季要注意料堆避免阳光直接照晒。

②冬季堆沤时，因气温较低，应将饵料堆踏实，以减少空气流通，调节发酵速度。

③料堆发酵过程中出现料面塌陷时，要及时用周围的原料填平凹处，以防止雨水渗入。

5. 饲养方法

(1)蚓种采集

①蚓种选择：选择蚯蚓种要根据养殖目的和具体情况来定。目前，我国人工养殖的蚯蚓种类主要是赤子爱胜蚓和威廉环毛蚓。

赤子爱胜蚓，个体中偏小，生长期短，繁殖率高，食性广泛，容易饲养，便于管理，蛋白质含量高，可作为人类的美味食品。威廉环毛蚓，个体中等大小，分布广，生长发育较快，个体粗壮，抗病力强，适于大田养殖。

饵料用蚯蚓，可采用环毛蚓、背暗异唇蚓、赤子爱胜蚓、红正蚓等，这些蚯蚓生长发育快。药用蚯蚓种一般多用直隶环毛蚓、秉氏环毛蚓、参环毛蚓和背暗异唇蚓等。改良土壤用蚯蚓种一般多选择微小双胸蚓、爱胜双胸蚓等。沙质土壤，可选择湖北环毛蚓和双颐环毛蚓。

②引种：引种主要指从外地养殖场或蚯蚓种场直接购进蚯蚓种品种。蚯蚓良种主要有太平 2 号（自日本引进，与赤子爱胜蚓同属一种）、北星 2 号（与赤子爱胜蚓同属一种）、赤子爱胜蚓（俗名红蚯蚓）、威廉环毛蚓（俗名青蚯蚓）。也可采集野生蚯蚓做种。

③野外采种：野外采种时间，北方地区 6～9 月，南方地区 4～5 月和 9～10 月。选择阴雨天采集。蚯蚓喜欢生活在阴暗、潮湿、腐殖质较丰富的疏松土质中。野外采集蚯蚓种方法有：

Ⅰ．扒蚯蚓洞：直接扒蚯蚓洞采集。

Ⅱ．水驱法：田间植物收获后，即可灌水驱出蚯蚓；或在雨天早晨，大量蚯蚓爬出地面时，组织力量，突击采收。

Ⅲ．甜食诱捕法：利用蚯蚓爱吃甜料的特性，采收前在蚯蚓经常出没的地方放置蚯蚓喜爱的食物，如腐烂的水果等，待蚯蚓聚集在烂水果里，即可取出蚯蚓。

Ⅳ．红光夜捕法：利用蚯蚓在夜间爬到地表采食和活动的习性，在凌晨 3～4 点钟，携带红灯或弱光的电筒，在田间进行采集。

④蚓种处理：无论是野外采集的蚯蚓种还是外地直接引种，都要经过药物处理、隔离饲养和选优去劣。

Ⅰ．药物处理：用 1%～2%福尔马林溶液喷洒在蚯蚓种体上，5 小时后再喷洒一遍清水。

Ⅱ. 隔离饲养：将药物处理过的蚯蚓种放入单独的器具中饲养，经过 1 周的饲养观察，确认无病态现象，才可放入饲养室或饲养架内饲养。

Ⅲ. 选优去劣：挑选个体体型大、健壮、活泼、生活适应性强、生长快、产卵率高的蚯蚓作为优种单独饲养。

(2)投放蚓种

①饲养密度：蚯蚓生活史包括繁殖期、卵茧期、幼蚓期和成蚓期。养殖时，前期幼蚓个体小、活动弱，饲养密度每平方米 50 000～60 000 条；后期幼蚓个体长大，活动增强，应扩大养殖面积，每平方米 15 000 条左右。

在适宜的条件下，威廉环毛蚓饲养密度为每平方米 20 000 条左右；赤子爱胜蚓为每平方米 20 000 条左右。

②饵料厚度：饵料厚度 18～20 厘米。冬季饵料厚度可加厚到 40～50 厘米。

③投种方法

Ⅰ. 投放成蚓：将蚓种放入饵料内，使其大量繁殖，每隔 10～15 天即可收取蚯蚓。

Ⅱ. 蚓茧孵化：收集养殖床内的蚓茧，投放在其他养殖床内孵化。蚓茧的收集：

方法一：将原饵料从床位内移开，新饵料铺在原来床位内，再将原饵料（连同蚯蚓）铺在新料之上。待成蚓为取食新饵料而钻到下面的新饵料层后，取上面的含蚓茧的旧饵料。

方法二：在原饵料床两侧平行设置新饵料床，经 2～3 昼夜或稍长时间后，成蚓自行进入新饵料床。将原料床连同蚓茧和幼蚓取出过筛或放在另外的地方继续孵化。

方法三：收集蚓粪，蚓粪中往往含有许多蚓茧。将含有蚓茧的蚓粪摊开风干，不要日晒。待含水量为 40%左右时，用孔径 2～3 毫米的筛子将蚓粪过筛。筛上物（粗大物质和蚓茧）另置一床，加水至含水量为 60%左右，继续孵化。

④留种：成蚓性已成熟，应挑选发育健壮、色泽鲜艳、生殖带肿胀的蚯蚓，更新原有繁殖群体。也可利用蚓茧留种：收集含有许多蚓茧的蚓粪；将含有蚓茧的蚓粪摊开风干，不要日晒；待含水量为 40%左右时，用孔径 2～3 毫米的筛子将蚓粪过筛；经筛选后的蚓粪继续风干，然后用塑料袋包装贮存备用。

(3)饲养管理

①创造适宜养殖环境：根据蚯蚓生活习性，日常要保持它所需要的适宜湿度和温度，避免强光照射，环境要安静。冬季应加盖稻草或塑料薄膜保温，夏季遮阳，并洒水降温，保持空气流通。料床温度宜保持在 20～25℃。料床要保持一定湿度，但不能积水。一般每隔 3～5 天浇 1 次水，使料床绝对湿度保持在 37%～40%，底层积水不超过 1～2 厘米。养殖床上面可加盖。晚上开灯，以防止蚯蚓逃走。

②保持饵料床含氧量：蚯蚓耗氧量较大，需经常翻动料床使其疏松，或在饵料中掺入适量的杂草、木屑。如料床较厚，可用木棍自上而下戳洞通气。

③适时投料：在室内养殖时，养殖床内的饵料经过一定时间后逐渐变成粪便，必须适时给以补料。

上投法：当养殖床表层的饵料已粪化时，将新饵料撒在原饵料上面，5～10 厘米厚。

下投法：将原饵料从床位内移开，新饵料铺在原来床位内，再将原饵料(连同蚯蚓)铺在新料之上。

侧投法：在原饵料床两侧平行设置新饵料床，经 2～3 昼夜或稍长时间后，成蚓自行进入新饵料床。

④定期清除蚯蚓粪便：清理蚯蚓粪的目的是减少养殖床的堆积物，并获得产品，清理时要使蚓体与蚓粪分离。对早期幼蚓，可利用其喜食高湿度新鲜饵料的习性，以新鲜饵料诱集幼蚓；对后期

幼蚓、成蚓和繁殖蚓可用机械和光照及逐层刮取法分离，即用铁耙扒松饵料，辅以光照，使蚯蚓往下钻，再逐层刮取残剩饵料及蚓粪，最后获得蚯蚓团。

⑤适时分养：在饲养过程中，种蚓不断产出蚓茧，孵出幼蚓，而其密度也就随着增大。当密度过大时，蚯蚓就会外逃或死亡，因此必须适时分养。

⑥适时采收：适时采收成蚓，因此要调节和降低种群密度，保持生长量和采收量的动态平衡。

6. 病害防治

对于蚯蚓的病虫害主要采取预防为主的办法，即要经常在蚯蚓培育区的周围进行消毒杀菌；培育蚯蚓的容器上面一定要盖上盖子；培育蚯蚓的饵料须经发酵后使用，如果饵料在培育基中发酵就会产生酸、二氧化碳、氨及甲烷气等有害物质而造成蚯蚓逃逸或中毒死亡（蚯蚓的中毒症状为体形改变）；蚯蚓的饵料中，切忌加入盐和化学药品。

7. 采取

收取成蚓可以与补料、除粪结合起来进行。具体方法如下。

（1）光照下驱法：利用蚯蚓的避光特性，在阳光或灯光的照射下，用刮板逐层刮料，驱使蚯蚓钻到养殖床下部，最后蚯蚓聚集成团，即可收取。

（2）甜食诱捕法：利用蚯蚓爱吃甜料的特性，采收前可在旧饵料表面放置一层蚯蚓喜爱的食物，如腐烂的水果等。经2～3天，蚯蚓大量聚集在烂水果里，这时即可将成群的蚯蚓取出，经筛网清除杂质即可。

（3）水驱法：适于田间养殖。在植物收获后，即可灌水驱出蚯蚓；或在雨天早晨，大量蚯蚓爬出地面时，组织力量突击采收。

（4）红光夜捕法：此法也适于田间养殖。利用蚯蚓在夜间爬到地表采食和活动的习性，在凌晨 3～4 点钟，携带红灯或弱光的电筒，在田间搜寻采收。

（5）干燥逼驱法：对旧饵料停止洒水，使之比较干燥，然后将旧饵料堆集在中央，在两侧堆放少量适宜湿度的新饵料，约经两天后蚯蚓都进入新饵料中。这时取走旧饵料，翻倒新饵料即可捕捉。

（6）笼具采收法：用孔径为 1～4 毫米的笼具，笼中放入蚯蚓爱吃的饵料。将笼具埋入养殖槽或饵料床内，蚯蚓便陆续钻入笼中采食，待集中到一定数量后，再把笼具取出来即可。

8. 投喂

用蚯蚓喂养蜈蚣应把蚯蚓切断，用水荡出虫体消化道内的土质后再喂食。

9. 干制

蚯蚓粉是将鲜蚯蚓冲洗干净后，将其烘干、粉碎，即可成为蚯蚓粉，可以与其他饵料混合，加工成复合颗粒饵料，可以较长时间地保存和运输。

（1）炒制：先将洗干净的粗河沙置于铁锅中炒热至 60℃，然后将消毒蚓滤除体表水分后倒入锅中翻炒至死。要求文火慢炒，不要损伤蚓体。蚓体表面脱水、收缩时，倒入筛中振动，与河沙分离。

（2）烘烤：将炒制的蚯蚓置入恒温电烘烤箱内，将温度设置在 60℃，也可以在太阳下暴晒至通体干燥，并反复翻动至基本脱水，即为干蚓。

（3）粉碎：将干燥蚓体拌入 1%碘型防腐剂，投入粉碎机中，过 80 目筛，即得到蚯蚓粉。

（四）蝇蛆饵料的培育

苍蝇生长繁殖速度惊人。据测算，一对苍蝇 4 个月能繁育 2000 亿个蛆。从卵发育到成虫，一般仅需 10～11 天；如果到出产品,3～4 天即可。养殖技术简单,周期短,见效快。蝇蛆也是蜈蚣的昆虫饵料之一,但饲喂前要进行消毒处理,蜈蚣吃剩下的蝇蛆要进行清理。

1. 生活史

苍蝇是完全变态昆虫,它的发育过程分为卵→幼虫(蛆)→蛹→成蝇四个时期(图 3-5)。不同蝇种的发育时间受温度和环境的影响而不同,如常见的家蝇在 16℃时完成整个生活史需 20 天,但在 30℃时只需要 10～12 天。

图 3-5　苍蝇发育过程

(1)卵:乳白色,香蕉型,前端尖,后端圆,往往几十个或几百个堆在一起。卵发育时间的快慢根据当地的温度而异,温度高时发育快,温度很低,即停止发育。南方一般在 13℃以下,北方在 8℃以下,即不能孵出。卵需要高湿,相对湿度低于 90%,则死亡率高。

(2)幼虫(蛆):蝇蛆的活动范围一般在滋生物 10 厘米以内,接近地表处,以腐烂有机物质为食料,气温和营养条件适宜。幼虫期需 3～5 天。

(3)蛹:成熟幼虫化蛹之前停止取食,即离开高温、高湿环境,爬行到附近干松的土层中静止化蛹。蛹期一般需 3～5 天。

(4)成蝇:成熟的蛹破壳而出,羽化为成蝇。刚羽化的蝇为苍白色，外皮柔软，经数小时才能飞行，这一特点有利于杀灭。成蝇羽化后不久即交配，一生产卵约 3 次，多至 4～6 次，每次产卵 100～150 个。

2. 生活习性

(1)幼虫生活习性：幼虫有畏光性，一般群集潜伏在饵料表层下 2～10 厘米摄食。成熟后，摄食停止，并开始离开潮湿的食场到光暗而干燥的地方或较干的食渣内准备化蛹。

(2)成虫生活习性

①交配、产卵：雄性羽化后 18～24 小时，雌性羽化后约 30 小时，达到性成熟，开始交配。绝大多数蝇一生仅交配一次，雄蝇的精液能刺激雌蝇产卵，贮存在雌蝇受精囊中的精子能延续 3 周或 3 周以上，使陆续发育的卵受精，所以雌蝇交配一次可终身受精。

雌蝇产第一批卵的时间长短与温度关系密切，在 35℃时，产卵前期为 2 天，15℃时为 9 天，15℃以下一般不产卵。蝇有卵小管约 100 支，所以每批产卵达 100 个左右，每只雌蝇一生能产卵 10 余批，甚至达 20 批，但每批卵数逐渐减少，一般每只雌蝇终身产卵 4～6 批，每批间隔 3～4 天，终身产卵 400～600 个，多达 1000 个左右。绿蝇为 28～30 天，大头金蝇为 20 天。

②食性和取食行为：苍蝇食性复杂，到处都有它的食源，但不同蝇种，食性有差异。苍蝇取食的行为很特殊，当它接触到食物时先利用足上和喙上的化学感受器辨尝味道，然后取食，取食次数频繁，每几秒取食一次，边吃边吐边拉。

③活动和栖息：苍蝇有趋光性，白天活动，夜间栖息。苍蝇的活动受气温影响。在 4～7℃时活动力很弱，30～35℃时最活跃，45～47℃时死亡，30℃以上停留在阴凉处，秋凉和冬季在阳光下取暖。下雨、刮风时入侵室内。

④飞行和扩散：蝇每小时能飞行 6～8 千米，一般活动范围在

1～2千米以内，常在滋生物100～200米半径范围内活动取食。苍蝇的扩散受风向、风速、气味等多种因素影响，还可通过飞机、轮船、汽车等交通工具以及农副产品进入城市，形成被动扩散。

⑤寿命：苍蝇的寿命与温度、湿度、食物以及苍蝇的活动频率有关，通常雌蝇比雄蝇寿命长，雌蝇的寿命一般为30～60天，越冬可达半年之久。

3. 养殖方式与设备

饲养成虫分舍养和笼养两种，前者适宜大规模工厂化饲养，需要严防逃逸。后者既适合大规模工厂化饲养，也适宜小规模饲养。我国目前普遍采用笼养来饲养成虫。

(1)养蝇房(图3-6)：种蝇要在蝇房饲养。种蝇房的大小，根据需要建造，也可用旧房改装。门和窗安装玻璃和纱窗，以利于调温，壁上安装风扇，以调节空气。房内宜有加温设备，使冬天温度保持20～32℃，房内相对湿度保持60%～70%。

图3-6　养蝇房

为了防止成虫偶然逃逸，造成扩散，或外界成虫飞入饲养房内干扰，养蝇房应设置纱门、纱窗，严加防范。还要特别注意预防老鼠、蚂蚁、蟑螂、蟋蟀等敌害生物，特别是老鼠和蚂蚁的侵害。

另外，利用塑料大棚养殖苍蝇也是一个比较好的方法。塑料大棚长 20 米、宽 4 米，低墙高 2 米、高墙高 3 米。在棚中设置立体纱网，在网中养苍蝇。

（2）蝇笼：饲养成虫的笼子根据饲养规模和条件的不同，可大可小。小笼的规格一般为：笼长 50 厘米、笼宽 40 厘米、笼高 30 厘米。这种笼子可以饲养 7000～8000 只成虫，即每只成虫可占空间 7.5～8.5 立方厘米。大笼的规格可加 1 倍或加数倍，饲养成虫的数量也可相应地增加其倍数。无论大笼小笼，均用 2 毫米网眼固定的窗纱缝制为好。即先将好的窗纱缝成一个密封的方袋状，并在一方的下边开一个横向 15 厘米、高 5 厘米左右的小口，在口外再缝上一个相应大小的纱布套，并在笼子的 8 个角上缝好带子。使用时，将笼子的 8 个角挂在相应的钉上或棍上，如同挂蚊帐一般，并将笼底托在一个平板上。

4. 饵料

（1）蝇蛆食料：麦麸、米糠、酒糟、豆渣等，均可用于蝇蛆养殖。也可利用发酵过的人畜粪便、动物废弃物。蝇蛆嗜食猪粪、鸡粪、鸭粪等畜禽粪便。种蝇饵料可用畜禽粪便、打成浆糊状的动物内脏、蛆浆或红糖和奶粉调制的饵料。或用 1 份黄豆浸水磨浆，放入 20 份水中搅匀，再加 6 份鲜禽畜血，盛于平底皿中的海绵上。

（2）饵料配方

①蝇蛆饵料：33.3％猪粪和 66.7％鸡粪，或猪粪 66.7％、鸡粪 33.3％混合发酵腐熟。

②种蝇饵料：20 克红糖，10 克奶粉，混合溶于 100 毫升清水中。

5. 饲养管理

（1）蝇种选育：首先应该选择个体健壮、产卵量高、正值产卵盛期的蝇群的卵块进行强化饲育，即适当稀养。食期添加一部分自然发酵 2～3 天的麦麸、米糠等，勤加食，勤除渣，使幼虫健壮整齐。

一窝幼虫，虽然饲养管理周到，化蛹仍有 2～3 天甚至 4～5 天的先后之差。因此，应选虫体大小、色泽基本一致的幼虫，放在 10 厘米左右深的盆内，再将这个盛有幼虫的盆放在另一个较大、较深、盆底盛有一薄层糠粉之类比较干燥的粉状物的盆内，盆上加盖纸等物，使盆内保持黑暗通风。

成熟的幼虫排干体液后，就会纷纷从粪渣里面往盆外逃逸而掉进大盆底上粉状物内，准备化蛹。如果幼虫阶段发育整齐，1～2 天内大部分幼虫可以逃逸出来而化蛹。一般以 1～2 天内获得的虫体较好，剩下的可作饵料处理。逃逸出来的虫体要放在黑暗、通风、安静的环境中，平铺 2～3 层，待其化蛹。

等到蛹体外层颜色变为褐色，即化蛹 2～3 天后，用称重或测量容积的方法计数，或先数 1000 只蛹，称重，然后按比例称取所要的个数重。或先数 1000 只蛹，用量筒测容积，然后按比例量取所要求的个体容积。计数以后分别用纱布包好，浸入$(1～2)\times10^{-4}$的高锰酸钾溶液中消毒 5 分钟，洗净脏物，放入成蝇笼内让其孵化。在正常情况下，如化蛹整齐，而且体质健壮，绝大多数蛹体会集中在 1～3 天内羽化完毕。

(2)成虫饲养：在温度为 25～28℃、湿度为 50%～60%的环境中，饲养成虫的效果最好。

①调节温湿度：放养蝇蛹前，将养蝇房温度调节到 24～30℃，相对湿度调节到 50%～70%。

②放养蝇蛹：笼子和其他准备工作做好之后，将蝇蛹用清水洗净，消毒，晾干，盛入羽化缸内，每个缸放置蛹 5000 只左右，然后装入蝇笼，待其羽化。

③投喂饵料和水：待蛹羽化(即幼蛹脱壳而出)5%左右时，开始投喂饵料和水。饵料放在饵料盆内。如果饵料为液体，则在饵料盆内垫放纱布，让成蝇站立在纱布上吸食饵料。种蝇的饵料可

用畜禽粪便、打成浆糊状的动物内脏、蛆浆或红糖和奶粉调制而成。目前,常用奶粉加等量红糖作为成虫的饵料。如果用红糖奶粉饵料,每天每只蝇用量按1毫克计算。以每笼饲养6000只成虫计算,成虫吃掉20克奶粉和20克红糖后,可以收获蝇蛆30千克。

饲养过程中,可用一块长、宽各10厘米左右的泡沫塑料浸水后放在笼的顶部,以供应饮水。注意不要放在奶粉的上面。奶粉加红糖和产卵信息物(猪粪等)分别用报纸托放在笼底平板上,紧贴笼底。成虫便可隔着笼底网纱而吸水、摄食和产卵。

也可在笼内放置饲水盘供水,饲水盘要放置纱布。每天加饲养料1～2次,换水1次。

④安放产卵盘及产卵信息物:当成虫摄食4～6天以后,其腹部变得饱满,继而变成乳黄色,并纷纷进行交尾,这预示着成虫即将产卵。在发现成虫交尾的第二天,将产卵盘放入蝇笼,并把产卵信息物放入产卵盘(或将猪粪疏松撒在报纸上,其下垫上薄膜塑料和硬纸板,放在笼底平板上,以便于成虫产卵)。目前常用猪粪作引产信息物,其引产的效果较好,但是容易污染笼壁,因而应当经常擦抹。也可用猪粪浸出物浸湿滤纸作为引产信息物,它虽不会污染笼壁,但容易干燥而影响引产效果。引产信息物也可人工调制:麦麸用0.01%～0.03%碳酸铵水调制,再放些红糖和奶粉,含水量控制在65%～75%,混合均匀后盛在产卵缸内,装料高度为产卵盘的2/3,然后放入蝇笼,集雌蝇入盘产卵。

⑤收卵:每天收卵2次,中午12时和下午16时各收集一次。每次收卵后将产卵盘中的卵和引产信息物一并倒入培养基内孵化,并重新换上新的引产信息物。如此反复进行,直到成虫停止产卵为止。

⑥淘汰种蝇:成虫在产卵结束后,大都自然死亡。死亡的成虫尸体太多时,应适当清除。清除尸体的工作应当在傍晚成虫的活动完全停止以后进行。当全部成虫产卵结束后,部分成虫还需再

饿2天,才可自然死亡。也可将整个笼子取下放入水中将成虫闷死,或用热水或蒸汽杀死。淘汰的种蝇可烘干磨粉作畜禽饵料。淘汰种蝇后的笼罩和笼架应用稀碱水溶液浸泡消毒,然后用清水洗净晾干备用。

(3)雌雄苍蝇分离:一般羽化后6～8天,雄雌两性已基本交配完毕,可适时分离雄蝇,用以饲养蜈蚣。

①在蝇笼内改产卵盘为产卵缸(普通茶缸),内盛半缸含水量70%的麦麸,麦麸上放入少量1%～3%的碳酸铵溶液,再放些红糖和奶粉。这种方法可较好地引诱雌蝇产卵。待缸内爬满雌蝇后,将预先制作的纱网袋(大小以能套入为准)悬吊在蝇笼内产卵缸上方,轻缓地放下罩住缸口,轻击缸体,雌蝇即全体飞起,进入纱网袋。

②用有黏性的红糖水浸湿雌活蝇,抖落进容器中,将其捣碎,加上10倍的清水,用卫生喷雾器对蝇笼纱网喷雾(以湿润不滴水为度)。这时已完成交配使命的雄雌蝇虫,在笼中诱卵缸和笼网雌诱液的双重作用下,96%以上数目的雄蝇攀停在笼网上,雌蝇大量落停在产卵缸中。

③将爬满雌蝇并被罩住缸口的产卵缸移出,放入另一新蝇笼,反复5～10次,待缸内不再有大量雌蝇光顾时,把产卵缸取出,即可把笼中的雄蝇作为活体饵料用以饲喂蜈蚣或其他动物。收拢笼中雄蝇的方法有两个:一是将蝇笼中盘、缸类取净,将纱网蝇笼中的雄蝇收拢,捣碎混入饵料,可饲喂蜈蚣等;二是活蝇用浓糖水浸湿,撒上饵料粉,抖落进盆、槽等容器中,任其爬行,可饲喂蜈蚣等。

④将收拢捣碎的雄蝇肉浆加入到产卵缸中,引诱雌蝇入缸产卵,驱避雄蝇,可为雄、雌蝇虫分离带来方便。

⑤羽化的苍蝇生活期为23天左右。15日龄后,随着雌蝇体的老化不再产卵,这时可趁蝇体尚未衰竭,含有充分营养成分之机,将蝇笼中盘、缸水具及食具取出,将纱网蝇笼收拢,利用苍蝇活

体喂蜈蚣。

(4)蝇蛆饲养

①饵料:将麦麸加水拌匀,湿度维持在70%～80%,盛入培养盘。一般每只盘可容纳麦麸饵料3.5千克。或用发酵腐熟的猪粪、鸡粪为饵料。将卵粒埋入培养饵料内,让其自行孵化。一般按10千克饵料接种8克(约4万粒)蝇卵。

②饵料的厚度:一般以3～5厘米为宜,夏天不超过3厘米。

③培养:温度以25℃左右为宜。

④适时翻动:随着蛆的生长和饵料的发酵,培养盘内温度逐渐上升,最高可达40℃以上,这会引起蝇蛆死亡,因此要注意降温。

6. 采收

(1)适时收获:在25℃左右气温条件下,蝇卵于接种后8～12小时孵出蝇蛆,经过4～5天,蛆变成黄色时即应收集利用。方法是利用蝇蛆怕光的习性,将料盆置于强光下(露天池就在晴朗的白天进行),蛆便往下钻,把表层粪料取走,重复多次,最后剩下少量粪料和大量蝇蛆,再用16目孔径的筛子振荡分离。分离出的蝇蛆洗净后,可以直接用来饲喂蜈蚣或其他珍禽,也可将蝇蛆放在50℃条件下烘烤,干燥后加工成粉,贮存备用。

(2)蝇蛆留种:收集蝇蛆时,先用网孔较大的筛子分离出少量体大的蝇蛆,留作种用。将种用的蝇蛆接种在盛有充分发酵、腐熟的畜禽粪料盆中,继续培养。蝇蛆在培养基内发育成熟后,便爬到表层化蛹,这时盆内培养基不宜翻动,待蝇蛆基本化蛹完毕,就可淘蛹晾干,培养种蝇用。

7. 消毒

蝇蛆一般带细菌比较多,在喂食蜈蚣前要对蛆体进行消毒灭菌处理。

(1)高锰酸钾溶液的消毒:先将活体蝇蛆在清水中漂洗2次,

除去蛆体上的污物；然后在0.001％高锰酸钾溶液中消毒3～5分钟即可捞起直接投喂。

(2)病虫净药液的消毒：病虫净为中草药剂，其药用成分多为生物碱及糖苷、坎烯、脂萜等多种低毒活性有机物质，故在一定的浓度之内即可达到彻底消除蚓体内外的病毒、病菌及寄生虫。

(3)吸附性药物消毒：将0.3％磷酸酯晶体倒入3000毫升饱和硫酸铝钾(明矾)水溶液中，进行充分的搅拌。待溶液清澈后，将清洗后的蝇蛆投入，浸泡1～3分钟。当观察到溶液中有大量絮化物时，即可捞出投喂。

8. 投喂

蝇蛆和蛹都可以投喂蜈蚣，蝇蛆应在喂食前切断漾出污物。

9. 干制

(1)蛆干：将分离出来的鲜蛆及时用清水清洗，经开水煮沸后立即烘干或晒干即可。有条件者也可采用制干机。质量要求无霉烂、无杂质、无异味，颜色为淡黄色，含水分5％以下。

(2)蝇蛆饵料粉：将鲜蝇蛆冲洗干净后，将其烘干、粉碎即可成为蝇蛆粉，可以与其他饵料混合，加工成复合颗粒饵料，也可以较长时间地保存和运输。

三、配合饵料

在初春和冬季昆虫不足时或入冬前蜈蚣养殖旺食期，可供给配合饵料。投喂配合饵料，应根据蜈蚣的龄期、体重、外界条件、饲养方式，确定各种营养物质份量，给予不同的喂量。一般说，蜈蚣生长需要较多的蛋白质、维生素和矿物质。在配合饵料中，这些营养物质要有一定的比例。下面介绍几组配合饵料的配方，各地可根据自己条件选用。

(1)熟面条95%,白糖5%。

(2)熟鸡蛋75%,大米饭25%。

(3)各种小昆虫70%,熟马铃薯泥20%,面包碎屑、青菜屑9%,矿物粉1%。

(4)各种小昆虫60%,熟面条30%,青菜屑10%。

(5)黄粉虫40%,地鳖虫20%,熟面条40%。

(6)蚯蚓60%,熟马铃薯泥30%,青菜屑8%,矿物粉2%。

(7)蝇蛆40%,面包虫30%,熟马铃薯泥20%,青菜屑9%,矿物粉1%。

(8)地鳖虫35%,蚯蚓35%,熟马铃薯泥20%,青菜屑9%,矿物粉1%。

(9)畜禽内脏肉泥70%,鱼粉或蚕蛹粉20%,青菜碎屑10%。

(10)肉粉20%,牛乳60%,饼干屑20%,加适量水拌匀。

(11)泥鳅肉50%,蛋黄粉30%,麦粉20%,加适量水拌匀。

(12)肉粉40%,鲜蛋30%,玉米粉30%,加适量水拌匀。

(13)蚯蚓粉50%,牛乳5%,麸皮45%,加适量水拌匀。

(14)蜗牛粉55%,动物油3%,麦麸42%,加适量水拌匀。

(15)肉粉30%,牛乳40%,麸皮30%,加适量水拌匀。

(16)蛎肉粉40%,蛋黄粉10%,牛乳20%,饼干屑30%,加适量水拌匀。

(17)干蝇蛆粉35%,蛋黄粉35%,血粉10%,苜蓿粉20%,加适量水拌匀。

第四章　蜈蚣的生长发育与繁殖

蜈蚣具有较强的适应生活环境的能力。野生蜈蚣若在温度、湿度等环境条件适宜的情况下，即使半个月不给食物也不会饿死。蜈蚣在常温下生长到第四年秋季，多数个体已经性成熟，第五年夏季即可产卵。成熟雌体可连续产卵3年。蜈蚣的生活时间为5～7年，在正常生活环境中，成体蜈蚣的体长尚可继续生长。在蜈蚣的自然群体中，幼龄蜈蚣的数量多于成龄蜈蚣，更多于老龄蜈蚣，雌体多于雄体。

雌雄蜈蚣交配一次后，雌蜈蚣会把精液贮存在体内，以后可终身受孕不需要再交配了。而交配后的雄蜈蚣，一般会因筋疲力尽而死亡。

第一节　蜈蚣的生活史

蜈蚣具有变温动物的共同特性，即在一年的生长发育周期中，随着气候的变化而表现出不同的生活方式。在人工养殖时充分了解和认识这一特点，在实际饲养过程中加以掌握，即可达到事半功倍的效果。在我国大部分地区，野生蜈蚣在自然状态下，一年中可分为生长期、填充期、休眠期、复苏期四个阶段。

1. 生长期

从清明到白露，是蜈蚣全年营养生长和生殖生长的最好时期，故称为生长期。

每当“清明”前后，气温逐渐回升，气候逐渐转暖，昆虫开始复苏出蛰，蜈蚣的天然适口食物随之逐渐增多，蜈蚣的消化能力也随着气温的升高而不断增强，活动范围和活动量也日渐加大。在此期间，以“夏至”至“处暑”活动最为活跃，取食量增大，新陈代谢最为旺盛，是营养生长和生殖生长的高峰时期。蜈蚣的交配和产仔也大都在此期间进行。

2. 填充期

从“秋分”至“霜降”期间，是蜈蚣积累和贮存营养、为进入冬眠进行生理准备的阶段，故称为填充期。

秋分以后，气温逐渐下降，蜈蚣在此期间食量猛增，尽量地吃饱肚子，并把所获取的脂肪性营养贮积起来，以便供给在休眠期和复苏期内的营养消耗。与此同时，又用不同方法促使体内液体浓缩，使它在休眠期内不至于结冰冻死。

3. 休眠期

从“立冬”至“雨水”，此期间蜈蚣的生长发育完全停滞，新陈代谢降到最低水平，进入蜷伏休眠状态，以安全度过不良环境条件，故称为休眠期或蛰伏期。

秋末冬初，蜈蚣停止采食入蛰冬眠。在整个休眠期间，其新陈代谢水平很低。

4. 复苏期

从“惊蛰”至“清明”，此时严冬已过，暖春将临，处于休眠状态的蜈蚣开始苏醒出蛰，故称为复苏期。

“惊蛰”以后，气温开始上升，蜈蚣便由静止状态逐渐转入活动状态，此过程即为复苏。但由于早春气温偏低且昼夜温差较大，这时蜈蚣的消化能力和代谢水平还较低，其活动时间和范围都不大，除白天晒暖时间逐渐有所增加外，夜间很少出窝活动。此时蜈蚣只能凭借躯体所具有的吸湿功能自环境中吸收少量的水分，利用填充期所贮积的营养物质和食入少量的风化土来维持生命。

第二节　蜈蚣的生长发育与繁殖过程

蜈蚣是在母体的抚育下生长发育的。它由受精卵经过胚胎发育成为幼体，幼体经过 42 天左右，才离开母体独立生活。这些蜈蚣的幼体，到冬季来临时，以蛰居的方式度过寒冬季节，到翌年春季出蛰后，再继续生长发育。幼体蜈蚣约经 4 年的历程，才达到性成熟阶段。对于蜈蚣的养殖者来说，掌握蜈蚣的繁殖特性是十分必要的。

一、生长发育

受精卵经过发育成为幼体，刚孵出时蜈蚣的幼体呈乳白色，外形与成体十分相似，而且各个器官（也包括体内的许多器官）都已具备。幼体要依靠自行猎获自然界的食物为生，以加速促成身体生长和性器官向成熟阶段发育。

蜈蚣属甲壳类的节肢动物，体表覆盖有几丁质的甲壳，限制了本身的进一步生长发育。为了摆脱甲壳对进一步生长发育的限制，蜈蚣在生长发育过程中要蜕皮数次。每蜕一次皮，就明显地长大一次。蜈蚣蜕皮的次数和两次蜕皮间隔时间的长短，随外界环境条件和蜈蚣种类的不同而有差异。每次蜕皮后，蜈蚣除增大体积外，各部分器官也相应发生变化，最明显的变化是最后一次蜕皮后，产生完全而结构清楚的性器官。蜈蚣的生长期中，大约有

70%的时间在进行皮肤变化,其余时间为营养物质的贮存。

1. 幼体的生长发育

由幼体到成体乃至性成熟后的成体,还需要伴随一系列的蜕皮现象。

(1)第一次蜕皮:第一次蜕皮最早发生在当年(即第一年)独立生活后第 34 天左右,最迟的蜕皮也在独立生活后的第 48 天左右。蜕皮后,体长平均增加 8.5 毫米左右;体重比脱离母体时增加 7 毫克左右。

(2)第二次蜕皮:第二次蜕皮是在独立生活后的第 65 天左右。此次与第一次蜕皮的幼体相比,体长平均增加 13.5 毫米,体重平均增加 22 毫克。

(3)第三次蜕皮:经过两次蜕皮后,要经过第一个越冬期,长达半年的蛰居生活。当它们翌年出蛰后,也就是它们独立生活后第 270 天左右时。第三次蜕皮后的体长、体重与第一年第二次蜕皮比较,体长平均增加 8 毫米左右,体重平均增加 8 毫克左右。此时的幼体体长为 55 毫米左右,体重为 42 毫克左右。

(4)第四次蜕皮:与第三次蜕皮比较,体长平均增加 8 毫米左右,体重平均增加 28 毫克左右。此时的幼体体长为 63 毫米左右,体重为 71 毫克左右。

(5)第五次蜕皮:与第四次蜕皮比较,体长平均增加 10 毫米左右,体重平均增加 30 毫克左右。此时的幼体体长为 73 毫米左右,体重为 101 毫克左右。

(6)第六次蜕皮:第五次蜕皮后,经过第二个越冬期,幼体从冬蛰状态中复苏时,已进入生活历程的第三年。第六次蜕皮就发生在这一年的夏季,即独立生活后第 703～738 天。与第五次蜕皮比较,体长平均增加 11 毫米左右,体重平均增加 154 毫克左右。此时的幼体体长为 84 毫米,体重为 254 毫克。

(7)第七次蜕皮:第七次蜕皮也发生在第三年,即独立生活后的第 779～808 天。与第六次蜕皮比较,体长平均增加 11 毫米左右,体重平均增加 46 毫克左右。此时的幼体体长为 95 毫米左右,体重为 300 毫克左右。

(8)第八次蜕皮:第七次蜕皮后,幼体要经过第三个越冬期,在第四年的秋季,即将性成熟的未成体发生第八次蜕皮。这次蜕皮发生在独立生活后第 1139～1142 天。体长平均增加 11 毫米,体重平均增加 63 毫克。此时的个体体长为 106 毫米,体重为 363 毫克。

2. 成体的生长发育

第八次蜕皮后,要经过第四个越冬期。在进入第五年的夏季,母体开始第一次产卵。母体的产卵日期为幼体独立生活后第 1430～1455 天。这时母体纳精囊可以贮存雄性成体的精液,假如上一年秋季交尾而已纳精,也有经过越冬期到来年产卵的可能性。

母体产卵后,继续发生蜕皮现象。成体蜕皮只是因为身体继续增长而引起的,与伴随幼体生长发育的蜕皮现象的意义不同,前者是物种个体发育达到成熟,进行繁殖遗传的生物学现象;后者是有机体吸收营养,身体增长的结果。

(1)成体第一次蜕皮:即胎后的第九次蜕皮。在第五年夏季产卵孵化的母体,到秋季时发生成体第一次蜕皮,即发生在独立生活后第 1481～1528 天。成体蜈蚣蜕皮前,背板翘起而无光泽,体色由黑绿转变为淡绿略带焦黄色,步足由红变黄,全身浑粗,行动迟缓,不进食物,视力及触觉能力减退,经拨动也不能迅速逃避。蜕皮时,蜈蚣用头部前端顶着石壁或泥壁,先顶开头板,然后依靠自身的伸缩运动逐节剥蜕,使躯体连同步足由前向后依次进行。蜕到躯体第 7～8 节时,蜕出触角。最后才蜕离尾足。蜕下的旧皮呈皱缩状(图 4-1),拉直时是一具完整的蜈蚣外壳。成体蜈蚣一般每 4～6 分钟蜕出一节，全部蜕出约需 2 小时。蜕皮时也要避免惊动，否则会延长蜕皮时间。与幼体的第八次蜕皮比较，体长平均增加 11 毫米，体重平均增加 67 毫克。此时成体体长为 115 毫米，体重为 385 毫克。

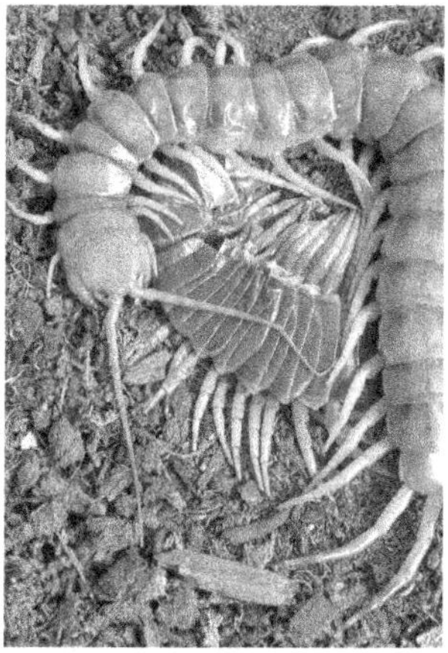

图 4-1　刚蜕皮的蜈蚣

（2）成体第二次蜕皮：在成体第一次蜕皮后，要经过胎后第五个越冬期，产卵的母体进入第六年。这一年的夏季，母体进行第二次产卵孵化。第二次产卵发生在独立生活后第 1789～1811 天。在第二次产卵后的同年秋季，发生了成体第二次蜕皮，即在独立生活后第 1842～1866 天。与成体第一次蜕皮的记录比较，体长平均增加 9 毫米，体重平均增加 144 毫克。此时成体体长为 126 毫米，体重为 522 毫克。

成体第二次蜕皮后，再经过第六个越冬期，母体进入第七年。在这年的夏季，母体进行第三次产卵。这次产卵发生在独立生活后第 2161～2169 天。据试验观察，虽然母体能进行第三次产卵，但很难完成孵化与抚育的阶段而衰亡。它们的寿命由开始独立生活至衰亡，共 2162～2772 天。如果从产出受精卵开始算起，经过胚胎发育和胚后发育，由幼体到成体，直至衰亡，再加上独立生活前的 42～45 天，蜈蚣的寿命计 2204～2817 天。它们的体长最大平均为 130 毫米。

母体在临近衰亡的时候，对外界反应迟钝，行动缓慢无力，食欲大减，不喜欢摄食。母体在衰亡后，体壁薄而背板失去光泽。

3. 影响蜕皮的因素

蜈蚣蜕皮是否顺利受众多因素的影响，如受到不良环境条件的影响，会不能顺利蜕皮或蜕不成皮，造成死亡。以下几种影响蜈蚣蜕皮的因素在饲养中应尽量避免：

(1)蜈蚣在蜕皮时，受到外界某些因素的强烈惊扰，致使蜕皮时间延长。

(2)在蜕皮期间遭到成群蚂蚁的攻击，使正在蜕皮的蜈蚣无反抗能力，鲜嫩的外皮任其叮咬，有的只蜕出一半而被咬死。

(3)温度低时，蜈蚣身体代谢变慢，个体减少蜕皮活动次数。冬眠期停止蜕皮是低温的作用。

(4)蜈蚣本身生活能力的强弱、食物供应的多少，也会影响蜕皮的次数。

(5)受许多生理因素的影响，例如生殖密度高、疾病、强力的氧化作用均能促使蜈蚣减少蜕皮或停止蜕皮。

经观察发现，1 龄少棘蜈蚣的体长为 5 厘米，2 龄 7 厘米，3 龄 9 厘米，4 龄 11 厘米，5 龄 12 厘米，6 龄 13 厘米。因此按药用蜈蚣商品的规格，小条蜈蚣为 2～3 龄，中条蜈蚣为 3～4 龄，大条蜈蚣是4～5 龄，要由蜈蚣卵养成一条商品蜈蚣至少需要 2～3 年。

二、蜈蚣的繁殖过程

到目前为止，蜈蚣的繁殖尚未见有人工催产等方面的报道，更无人工孵化等方面的技术应用于生产中。蜈蚣的繁殖还只能靠自然交配,自然产卵,自然孵化并育仔。

蜈蚣的繁殖特性,包括交配、产卵、孵化等。了解到蜈蚣的这些特征,就能够为它安排一个适合生产、生活、繁殖和生长的良好环境,缩短其生长期、成熟期和发育期,这样就可达到促其生长快、繁殖高的目的。

1. 交配

性成熟的蜈蚣有发情求偶的表现。开始时雄蜈蚣行动极度不安,不断摇动触角,东爬西爬,爬爬停停,当闻到雌蜈蚣的气味后,立即向雌蜈蚣爬去,雌蜈蚣开始爬转周旋,很快雄蜈蚣便爬到雌蜈蚣的背部,立即将生殖肢插入雌蜈蚣生殖孔内,经过微微振动后,慢慢注入精液,历时 2～5 分钟。交配时间均在晚上 8 时至凌晨 4 时进行,其他时间一般不进行交配。

需要注意的是,雌、雄蜈蚣交配一次,雌蜈蚣可终身产出受精卵,多次交配后的雄蜈蚣会因筋疲力竭而死亡。

交配怀孕后的雌蜈蚣有大量进食和积蓄营养的习惯,故这时应投喂足够量的高营养的混合饵料,使蜈蚣吃饱吃好,便于多产卵和提高孵化率。在此期间,蜈蚣极易受到惊吓,所以养殖者千万不要翻动窝穴或者靠近打扰,以免影响蜈蚣的产卵及孵化。

2. 产卵

每年春末夏初,受精卵在蜈蚣体内发育 30 天左右趋于成熟,产卵季节在 6 月下旬至 8 月上旬,即在夏至到立秋期间,而以 7 月上旬、中旬为产卵旺期。

将要产卵的母体体态臃肿,腹部几乎贴在地面,行动迟缓,较易辨认。产卵前 2～3 天,蜈蚣不吃不动,找一个阴湿避光、水浸不到的地方,将腹部紧贴在地面上,用头板、口器和身体前面的步足挖一个 1 厘米深的穴,然后用虚土将其窝穴的洞口堵住,不吃不喝也不出来活动,之后蜈蚣即在其窝内产卵。这时千万不要惊动它,更不能扒开其窝穴窥视，否则，蜈蚣会把它所产的卵全部吃掉。

产卵时，蜈蚣躯体曲成“S”形，后面几节步足撑起，尾足上翘，触角向前伸张，接着成串的蜈蚣卵粒就从生殖孔一粒一粒地排出。在不受外界惊扰的情况下，顺利产卵过程需 2～3 小时。蜈蚣卵粒呈淡黄色，透明，椭圆形，卵径为 3～3.5 毫米。卵粒表面富于黏性，卵膜具有弹性。

产完卵后，蜈蚣随即巧妙地侧转身体，用步足把卵粒托聚成团，抱在怀中孵化(彩图 8)。产卵时或在抱卵孵化时，雌蜈蚣若受到不能容忍的惊扰，就会停止产卵，或将产出的卵或卵团全部吃掉。但为了保证种族的继续生存，相隔 1 个月左右，雌蜈蚣会重新产卵一次。但产卵期和孵化期大大推迟，且产卵少，孵出率不高，影响蜈蚣的产量和质量。

蜈蚣的产卵期受气候、地区等因素的影响而异。例如，少棘蜈蚣在浙江的产卵期自 6 月中旬开始，一直延续到 8 月上旬，其间以 7 月上旬、中旬为产卵盛期。而在广东其产卵期在 3 月中旬至5 月上旬，在湖北其产卵期则在 7～9 月。

蜈蚣产卵的数量，随种类及其生活环境的不同而有较大的差异。每条雌蜈蚣一般产卵量为 20～60 粒，大多为 40～50 粒，少数为 10 粒以下。人工饲养的，产卵数量比野生的多。

3. 孵化

蜈蚣孵化时间长达 45～55 天。这期间，母蜈蚣一直不离卵或幼体，精心守护着，有时下半身及触角不时地左右摆动和扫动，驱赶近身的小虫，并常用食爪拨弄或吮舔着卵团和幼体。据推测，蜈蚣可能是在分泌某种口腺和基节腺的分泌物，防止卵团遭受细菌侵害或其他污物沾染。

卵膜富有弹性，卵团孵化较慢，头 5 天内无显著变化，只是由米黄色逐步转白；半个月后卵粒增长呈腰子形，中间痕线裂开，卵粒长至 5 毫米;20 天后孵出的蜈蚣幼体呈乳白色,雌蜈蚣仍紧紧地把幼体团抱在足间(图 4-2)。幼体很少活动。经过 25～30 天以后,幼体进行第二次蜕皮,其体形与成体相似,体色仍为乳白色,身体中段稍为肥胖,经过 35～42 天进行第二次蜕皮,体色为灰黄色,活动力增强,不再紧密抱成团,而是松散地集中在母体腹面,这时幼体与母体可以分离,把母体放在大群内让其交配,并给产后的蜈蚣充分喂食,幼蜈蚣投喂小的昆虫饵料。

图 4-2 抱子的雌蜈蚣

4. 繁殖期的饲养管理

(1)交配期管理

①确认交配:在未确定雌蜈蚣是否已与雄蜈蚣交配过,体内是否已储备有精液的情况下,雌蜈蚣与雄蜈蚣应合群饲养,以给它们交配的机会,雌、雄比例最好定为 3∶1。

②投喂质好量多的饲料,特别应投喂各种动物性饲料。产卵前 20 天投喂蛋类及动物性饲料,以储备足够的脂肪供孵卵期使用。

③保持饲养室的安静,使雌蜈蚣不受惊扰,避免震动及噪音,切不可扒动蜈蚣窝穴观察孵卵情况。

④保持饲养室内的适宜温度，超过 32℃以上蜈蚣不产卵，低于 20℃时受精卵的发育受阻。

(2)产卵期管理

①蜈蚣孵化期间不进食，不喝水，靠消耗本身的营养维持活动。产卵前 20 天，母体有大量进食、蓄积营养的习性，因此要在产前增加喂食量，并注意调节食物品种，以促使母体多进食增加孵化前的营养。

②对有临产迹象的雌蜈蚣，应移入专用饲养池(专用饲养池内的蜈蚣投放量不超过饲养池内间隙数的 90%)，让其产卵、孵卵，尽量不投喂饲料。

③保持产卵房安静，避免强烈灯光直照。防止老鼠、蟋蟀、蟑螂等危害。

(3)孵卵期管理

①雌蜈蚣产卵后不吃不喝，抱卵孵化 40 天左右。因此，蜈蚣孵化期内，不投喂食料，但必须定期喷水，饲养土湿度保持在 20%，温度保持在 20～32℃。喷水时不要把水喷在蜈蚣身上或卵上。

②蜈蚣在产卵或孵卵期间，若受外界惊扰，就会停止产卵或孵卵，并把已产出的卵或在孵化的卵全部吃掉，这就是所谓蜈蚣的"保护性"反应。蜈蚣食卵后，多能重新产卵和孵卵。但使蜈蚣的产卵期和孵化期大大推迟，且产卵少，孵出率不高，影响蜈蚣的产量和质量。因此，孵化期间尽量保持环境安静，尽量不要在饲养室内突然开关强烈的灯光，尽量不要搬运蜈蚣和孵化巢，尽量防止蚂蚁等小虫进入孵化巢，尽量维持环境条件，如温度、湿度等的相对平衡。

总之，在蜈蚣产卵和孵卵期间，应保持周围环境的安静，切忌惊扰，这是养殖管理中必须注意的事项。

③经过 40 天的孵化，幼蜈蚣出生。刚孵化出来的蜈蚣体长

3 厘米，身体细长，体重较轻，行动敏捷，逃跑力极强，必须做好防逃措施。如果饲养池采用玻璃条作为防逃材料，那么玻璃条的每个接缝处必须用透明胶带粘牢，因为幼蜈蚣会沿着很小的窄缝逃窜。如果饲养池采用塑料薄膜作为防逃材料，应检查薄膜是否老化，是否有破损之处。若有破损之处，可用透明胶带补牢；如果薄膜已经老化，则必须更换。无论采用哪种防逃材料，都必须保持防逃围墙表面的干净，因为即便是防逃围墙表面的浮灰都有可能成为幼蜈蚣外逃的桥梁。

(4)母子分离：蜈蚣的胚胎孵化到 20 天左右时，即已具备了初步形状，包裹它们的卵膜已破裂，胚胎的身体已经外露。按高等卵生动物的标准，此时应算完成了孵化过程，但蜈蚣则不然，从卵膜中伸出的蜈蚣幼体(仔蜈蚣)，还必须在母亲的怀抱中再度过 20 天的时间，这一时间叫育仔期。在此期间，虽然母蜈蚣并不给它们提供温度、湿度等孵化条件，也不给它们提供营养物质、饮水等生长发育条件，但如果将此时的仔蜈蚣强行剥离母体，它们就会很快死亡，这可能是因为此时的仔蜈蚣体表的防御性外壳还未形成，体内的免疫系统也未发育完整，母蜈蚣将它们抱于怀中时，会不断地在仔蜈蚣团的外表面舔舐，其唾液中含有的杀菌物质在仔蜈蚣的外表面形成了一层防护膜，因而仔蜈蚣得以生成与继续发育。

仔蜈蚣在育仔期中继续完成其胚胎发育过程，完成三次蜕皮，逐渐将卵黄吸入体内利用。当仔蜈蚣各个系统已发育完整，外形上与成体蜈蚣已基本相似，体色由刚破卵膜时的米白色变成蛋黄色时，仔蜈蚣即爬出母体的怀抱，在母体周边活动，母蜈蚣也开始自由活动。此时，仔蜈蚣即进入了幼蜈蚣阶段，它们已具备了捕捉食物、寻觅饮水、逃避敌害等方面的本能，可以离开母体独立生活。由于此时母蜈蚣身体极度衰竭，急需营养，当受到突然刺激时，容易咬食身边的幼蜈蚣。如在群养情况下，其他蜈蚣也容易侵害刚下地的幼蜈蚣，因此要及时将幼体蜈蚣分出来。

如孵化时母蜈蚣住的是单间“产房”，则此时只需将母蜈蚣从“产房”中取出即可。如果母蜈蚣采取的是群养共池的办法孵化，则可采取引诱法将幼蜈蚣从饲养土中诱出，然后转移出来。可利用幼蜈蚣喜群集、爱吃甜食的习性，用几块清洁的海绵，在含有葡萄糖、奶粉的溶液中浸泡片刻，然后在傍晚放入蜈蚣池的活动场，幼蜈蚣（彩图9）会爬往海绵吃食和休息。次日晨，将海绵用镊子轻轻夹起，移到准备好的养殖器中，将其内的幼蜈蚣抖落出来即可。

第三节　蜈蚣的人工繁殖

人工养殖蜈蚣是尽可能地提高单位面积的最大产量，获得更高的经济效益。

一、引种前的准备

要想养殖蜈蚣，做好引种前的准备工作是十分重要的。若从思想上和设施上没有做好准备，盲目地引进种蜈蚣，将会造成不应有的损失，而且关系着养殖蜈蚣的成败。

第一，要准备好多个养殖池，以供引回的蜈蚣进行分级养殖。由于蜈蚣有互相残杀的习性，尤其当它们受到严重惊扰后更容易发生互相袭击的情况，因此，种蜈蚣引回后应将它们大小分开养殖，尤其是捕捉的野生蜈蚣。

在引种前，养殖池中必须已经建好了蜈蚣的栖息床，饲养土已经经过暴晒消毒，并已调节好了湿度。饲养土上的垛体、海绵、活动场地等已经消毒，准备妥当。根据需要还要备好小浅碟以及日常用的塑料盆、镊子、干湿温度计等。

第二，要认真检查一下饲养室内的保温、保湿措施是否到位。一切准备妥当后要对饲养室密闭熏蒸消毒灭菌，按每立方米容积用福尔马林(含40%的甲醛)30毫升、高锰酸钾15克的量准备药物。将称量好的高锰酸钾预先放在一个瓷容器内(不能用金属容器，以免腐蚀)，容器大小应为福尔马林用量的10倍以上，然后按用量加入福尔马林，两种药物混合后即挥发出甲醛气体，密闭熏蒸10分钟。消毒完毕后，打开通风孔，让甲醛气彻底消散。

第三，要准备好种蜈蚣的饵料。有些蜈蚣供种场同时配套养殖了饵料动物，如黄粉虫、蚯蚓、蝇蛆等，引种者应要求其供给一定量的饵料动物，以保证种苗引回后能喂一段时间，并有部分留种扩繁。

如果以上准备工作都来不及做好，刚引回的种苗可放于多个缸、脸盆或其他容器中暂养。在这些容器底部铺上5～8厘米厚的饲养土，土上再放些有湿海绵的浅碟、食盘等。

二、种蜈蚣的来源

种蜈蚣的来源有两种方式：一是捕获本地野生蜈蚣做种；二是从蜈蚣养殖场引种。种蜈蚣质量的好坏直接影响着蜈蚣的产量，因此，引种时要引进优良种的蜈蚣。

(一)本地野生蜈蚣的捕捉

1. 捕捉时间

捕捉本地蜈蚣做种用，最好选择在“清明”至“立夏”这段时间。因为这时雌蜈蚣尚未产卵，捉回后不久，便可产卵，当年就能增加蜈蚣数量，为次年发展蜈蚣生产打下基础。

2. 捕捉方法

在自然状态下，野生蜈蚣大多栖息在乱石堆、树根、杂草丛、石块下面等隐蔽处，傍晚时爬出来活动和觅食。因此，可根据这个特点选择不同的捕捉方法。

(1)在蜈蚣经常出入的阴暗潮湿的地方，挖一个坑，里面放些鸡肠、鸡骨和其他杂物等作诱饵，上面覆盖些碎砖、破瓦片和烂草等。过几天后，待坑内发出一种特殊的腥气，即可在每天早晨掀开覆盖物，将赶来聚餐的蜈蚣一起捕获。

(2)在山坡、地坡、黄土岗岭，不论什么方向，只要是荫蔽潮湿、无积水的地方均可捕捉。清明节前后，在这些地方用小铁锹挖成横沟，进口处高 9 厘米，口宽 12 厘米，深 15 厘米，从口到尽头底部对齐形成一条线(因蜈蚣经过一夜的活动，到天亮时就要找一个安全舒适的地方躲藏)。把窝挖好后，口外用一块能遮住窝口的小草渣把口掩遮好，只要窝内透不进阳光就可以了。同时将窝内的草根、杂虫和粗土除尽，在每天早上 5～6 时，把草渣揭开看里面有无蜈蚣。如此循环捕捉，直到季节过后，待次年只要将窝内清扫一下仍可使用。

(3)在乱石堆、山坡的石块和阴暗潮湿处及蜈蚣较多的地方，用钉耙或两齿耙扒捉。此法效率低，容易伤害蜈蚣。

(4)杀 1～2 只鸡(杀鸡数应根据诱捕点的多少和大小灵活掌握)，将其毛、肉、骨、血、内脏混合下锅焖煮。煮烂后，将其混合液与稻糠相拌，湿度以抓在手里能挤出水、抛在地上散得开为宜。饵料做成后，在山凹中，找一块碎石、树叶混杂的地方，扒开一个深 8 厘米左右的长形沟，沟底平坦。然后，在沟中铺上饵料，厚度约 7 厘米，上面盖以树枝、树叶和草渣。几天后在投饵处就会聚集很多蜈蚣，这时就可用工具捕捉。

(5)根据蜈蚣夜间活动的习性，也可在夜间捕捉。此外，在大雾天、雷雨前后空气湿度大、天气闷热等情况下，蜈蚣纷纷出洞觅食、活动时捕捉。

3. 捕捉注意事项

为了保护野生资源，捕捉时，捉大不捉小。

蜈蚣的头部两侧有一对毒颚，捕捉时要尽量避免被咬伤。捕捉时，可用钉耙或竹片轻轻压住蜈蚣身体，然后用食指准确地按住头部，迫使毒颚张开而不能合拢，再以拇指与中指配合，捏住头部放入容器内。或用竹片夹子夹住放进容器内，动作要迅速。

一般说来，容器不宜太小，最好在容器内放些青草，以防止其中的蜈蚣相互残杀。

（二）从人工养蜈蚣单位引种

人工养殖蜈蚣时养殖户在引种时不能求富心切，一定要明辨是非。初学养殖蜈蚣，千万不要到“打一枪换一个地方”的所谓“养殖培训中心”、“引种速成班”等地方学习和引种。一定要认真考察、分析，到有信誉保证、有良好售后服务、有固定养殖场、有一定养殖规模和有林业部门颁发的《国家野生动物驯养繁殖许可证》和《野生动物经营许可证》的地方引种。

1. 引种原则

（1）对于药用蜈蚣养殖者来说，首先应该考虑养殖品种的药用价值，要弄清引进的品种是否符合医药部门收购的标准。其次要考虑养殖品种的其他性能，如生长速度、生产周期、对环境条件的需求、饲养难度等。

引种时应遵循先近后远的原则，当地有养殖成功者就在当地引种，实不得已才到远方去引种。

（2）根据本地域生态气候条件引种，每一种蜈蚣都有一定的地理纬度区域分布，也适应相应地域中的气候条件，一旦被引入另一种生态区域，其生长、繁殖等生命活动就有可能发生障碍，药用成分也有可能发生变化。因此，在选择蜈蚣品种时必须了解和掌握蜈蚣的生态和生活习性，创造接近于自然条件生长和繁殖的环境。这就要求因地制宜，选择适合当地土壤、气候条件的种类养殖。

一般来说，长江中下游各省可选择少棘蜈蚣养殖，南方各省可选择模棘蜈蚣养殖，海南岛可选择哈氏蜈蚣养殖，新疆、青海、西藏等地可选择马氏蜈蚣养殖，广西、湖北、浙江也可选择多棘蜈蚣，长江以北及西北广大地区可选择本地体型大、药用价值高的蜈蚣种类进行养殖。

2. 引种季节

蜈蚣的引种时间最好安排在 4～6 月份和 10 月至第二年 1 月份。

立夏前后引种时，种蜈蚣尚未产卵，而又到了临产期，雌蜈蚣是否怀卵容易看出，如果鉴别准确，种蜈蚣引回后较短时期内就可能产卵，这有利于加快养殖速度。

秋冬时节引种，能掌握蜈蚣的过冬养殖技术，让蜈蚣更加适应自己的生长环境。立夏时可有小蜈蚣产出。

3. 种蜈蚣挑选

(1)优劣选择：种蜈蚣的优劣主要从其外观与行为上进行鉴别。

①外观：作为种用的蜈蚣身体应完好无损，不得断肢、体节伤残等。体色要光亮鲜艳，不得粗糙暗淡无光泽。应符合种类的种质特征要求，如少棘蜈蚣的种质特征是成体体长为 11 厘米左右，头部与第一体节背板为金黄色，步足黄色，尾足上只有 2～3 个棘等。引种少棘蜈蚣至少应该选择符合这些特征的个体。另外，最好还应该选择其中头部与步足颜色比较深、接近红色的个体。因为它们更符合药用要求。

②行为：要选择体壮活跃的种蜈蚣。行动滞呆、体肢瘫软、身体僵硬的蜈蚣都不要选择。

（2）年龄选择：蜈蚣的年龄对选种也非常重要。因为蜈蚣最适宜的繁殖胎次为头胎，过小的蜈蚣尚未性成熟，无法产卵；太大的蜈蚣有可能是已繁殖过一胎或二胎，以后不再具有旺盛的繁殖力的一些老态龙钟的个体。因此，选择种蜈蚣一定要学会识别年龄，到目前为止蜈蚣的年龄还只能从体长大小来鉴别。因此，引种蜈蚣前，必须了解所要引入种类的生长发育年龄与体长体重之间的关系，由测定的体长数据反推其年龄。各种蜈蚣都有自己的年龄与体长对应关系的资料，如正常生长下的少棘蜈蚣，1 龄时体长为 5 厘米，2 龄 7 厘米，3 龄 9 厘米，4 龄 11 厘米，5 龄 12 厘米，6 龄 13 厘米。4 龄的蜈蚣即为成体蜈蚣，具有繁殖能力，因此，种用蜈蚣的体长最好达到 12 厘米左右。

（3）雌雄比例：引种时首先要做好雌雄的区别工作，这是培育良种蜈蚣的前提。

从外形上未成熟的蜈蚣难以区分，成熟后才有点差异，成熟后细心比较才可以区分开来。一般的区别是：第一，雌性蜈蚣头部扁圆，大些呈饼状；雄性蜈蚣头部稍隆起，椭圆而小，呈包子状。第二，雄性蜈蚣的第 21 节背板后缘较平、圆，而雄性蜈蚣的后缘稍见隆起。第三，雄性蜈蚣体型较大，躯干部较宽，腹部肥厚，身体较柔软；而雄性蜈蚣体型较小，躯干部稍窄，腹部紧缩较瘦。此外，在人工饲养场内，雌性蜈蚣活动较少、迟钝；雄性蜈蚣则活动频繁，动作灵活。

当然鉴别蜈蚣性别最直接而又较准确的方法还是翻看其腹面的生殖孔，看有无生殖肢或几丁质化的阴茎，雌性蜈蚣无该器官，而雄性蜈蚣则有一对生殖肢或几丁质化的阴茎（图 1-2）。

引种比例一般配比为 3 雌配 1 雄。

4. 种蜈蚣的运输

从外地或较远地方运回蜈蚣种苗，要防止其死亡。运输用的容器宜为留有通气孔且带盖的铝桶、塑料桶或木箱，每个容器以0.15平方米的底面积装500～600条为宜，不宜过多，并在容器内放树叶或鸡蛋托，以增加其隐蔽场所，减少互相残杀，并投喂一些面包屑、西瓜块、苹果块、梨块，在树叶或鸡蛋托上洒水，保持容器内湿润。

运输中的注意事项：

(1)蜈蚣要避光运输，可在装运桶(箱)上盖一层黑布，要特别注意不要强光直射，同时防止雨淋。如遇高温天气，最好在夜间运输。

(2)运输时要在装蜈蚣桶(箱)的下面垫上软的板纸、纸团或海绵。启运后要尽快到达目的地，以避免遇到意想不到的有害因素。

三、种蜈蚣引进后的饲养管理

(一)捕捉野生蜈蚣的管理

1. 投放

从野外捕回做种的蜈蚣，要及时投放到已装填饲养土和垛体的养殖池内或大的塑料盆内饲养，以免相互挤压造成伤残。投放前要在池(盆)内先放一些多汁的蔬菜、瓜果等饵料。同时，投放的个体大小要均匀，尽量做到雌、雄、大、小分开饲养。残伤或病态的个体，要挑出来另养。按底部表面积计算，每平方米放养300条左右。

2. 投饵

蜈蚣进食后可用蚯蚓、黄粉虫、新鲜鱼肉、猪肝等投喂，投料时间一般在每天下午5～7时进行，每3天投食一次。在投喂饵料的同时要供给足够的清洁饮水。

3. 悉心观察

根据蜈蚣在有光线时很少外出活动，并且怕惊扰的特点，可以在晚上借助手电筒的光线观察蜈蚣的健康状况、饲养池的安全等问题，发现问题，及时解决。

蜈蚣在经过了一段时间的饲养之后，就可以进行繁殖了。

(二)购买种蜈蚣的管理

由于蜈蚣在受到严重惊扰后容易发生互相袭击的情况，所以刚引回的蜈蚣，最好将它们按大小分开养殖。如能鉴别出繁殖对象的性别，可按引种雌雄比例(3雌配1雄)搭配，投放在饲养池中，蜈蚣会自己寻找"单间"窝穴栖息。

1. 种蜈蚣的放养密度

处于交配期的种蜈蚣，尚未肯定雌蜈蚣已受精时，必须合群养殖，以便雄蜈蚣求偶交配，此时放养密度应为每平方米300～500条。每个蜈蚣池最好一次投足，否则由于蜈蚣的认群性，不同群间的蜈蚣会发生争斗造成伤亡。

确定已受精的蜈蚣可放入专用的孵化池饲养，确定一条，分出一条。但放到孵化池的种蜈蚣数量不能超过养殖池中巢穴数量的90%，也就是说有宽松的产卵筑巢空间，宁可有富余，也不要短缺。

另外，有条件者也可以将进入临产状态的雌蜈蚣及时捉出，放入单间饲养。所谓"单间"，最简单的制作是用玻璃瓶和罐头瓶，内铺1/3～2/3的饲养土，上盖塑料盖，并在盖上打上许多小孔，外面用黑纸贴起来(遮光)，每瓶放一只雌蜈蚣。实验证明，使用单间孵化巢与不用单间孵化巢相比，蜈蚣的孵化率大大提高。

2. 饵料与投饵

蜈蚣引回的第一夜，要用海绵吸足5%～10%的葡萄糖水放入暂养器具中，让蜈蚣吸吮，糖水中还可兑少量奶粉或搅成糜状的蛋黄等，以利于蜈蚣恢复体力。

刚投入池子的蜈蚣在2～3天内会有一部分不进食，但每天仍要按时投喂饵料，以便蜈蚣在饥饿时自由采食。

种蜈蚣一旦进入繁殖期，就需消耗大量的体能与营养物质，并且在整个繁殖期内不食不饮。因此，在其繁殖产卵之前，必须供给质优量足的饵料，并且应多种鲜活饵料搭配，以便蜈蚣储备足够的营养物质，供生殖细胞的发育与孵卵期间的消耗。种蜈蚣常用的饵料有蚯蚓、蝇蛆、黄粉虫、地鳖虫等，这些饵料比较容易饲养，投喂蚯蚓和蝇蛆时应将它们切断并用拍打的方式挤出肚中的食物、粪便等污物，用水稍稍清洗。喂这些饵料时最好投放于饵料盘内，以免这些饵料体内的污物流入饲养土或活动场，长久积累而致使养殖池滋生病原菌。

投饵量应在实践中慢慢摸索，因为每只蜈蚣并非每天都摄食，而是每饱餐一顿后2～3天内不再取食。但不可能所有的蜈蚣都在同一天取食另外的2～3天都不取食，因此每天都得投喂。每天投饵量不一定一样多，只能根据经验确定，如见头天投喂的饵料全吃光，则第二天略增加一些，如发现有剩余饵料，则于第二天白天拿出，第二天晚上投料时略减一些。

另外，蜈蚣的取食还与天气有很大关系。天气闷热、狂风、气温陡降时，蜈蚣很少取食，此时应考虑减少投喂量；而微风习习、气温宜人及下暴雨前夕或暴雨过后，种蜈蚣的摄食量都会增加，此时可考虑增加投饵量。

3. 悉心观察

观察蜈蚣是一件比较麻烦的事情。由于蜈蚣在有光线时很少外出活动或者立即逃向无光的地方，而且种蜈蚣又不能采用翻挖饲养土或者经常性揭开栖息床的办法观察，否则，对其造成突发性惊扰，容易出现各种问题，如正在抱卵的雌蜈蚣会吞食卵团，群起斗殴，还会引起消化不良等异常生理现象。

观察种蜈蚣一是用手电筒观察，尽量将手电筒的光圈缩小，蜈蚣的活动期在其活动场地进行搜寻式观察。二是采用可调灯，其外涂以绿色或蓝色，每晚定时开灯观察，且观察时间不得太长，每次 5～10 分钟，灯的亮度由小到大缓慢调节，调到能看清蜈蚣的活动即可。另外，白天也可偶尔翻一下垛体等栖居场所，观察躲藏该处的蜈蚣。

观察蜈蚣时一是要观察蜈蚣的健康状况，蜈蚣的健康状况可以通过其运动情况、体表色泽、取食情况等判断出来。凡发现蜈蚣行动呆滞、体肢瘫软、身体僵硬或体表色泽异常或发生异常附着物等情况，则应立即捉出来详细检查，以判断是否是病态或者是何种病态。二是蜈蚣的繁殖情况，蜈蚣的交配行为一般比较隐秘，如观察中发现腹部明显膨大的蜈蚣应立即捉出检查，如腹部富有弹性、有力且精神正常，则预示着该雌蜈蚣已进入临产状态，应将其放入专用“产房”或专用养殖池饲养等待产卵。三是有无敌害惊扰，如养殖池中有无蚂蚁侵入、有无鼠害活动等。

4. 注意调控温度、湿度

种蜈蚣饲养舍的温度最好保持在 22～32℃，空气相对湿度应控制在 60%～70%，饲养土湿度维持在 15%～20%。在温度变化较剧烈的冬春及秋冬时节，要注意维持饲养舍的温度相对稳定，采用开关门窗、在栖息床上加盖稻草等方法；有条件时，还可开启供暖设施，以维持室温的稳定。夏季气候炎热时，应经常在饲养室内洒冷水降温，减少饲养土的厚度至 5 厘米厚，增加饲养土的湿度至 20%左右。

短时间空气湿度过高，对种蜈蚣似乎无太大影响，只有在气压较大而感觉憋闷时，蜈蚣外出活动才会减少。摄食减少，但如空气湿度长时间过大，则饲养土容易产生一种难闻的霉味，致使种蜈蚣逃跑欲望强烈，有时甚至白天都大量爬出饲养土外，而且此种情况下蜈蚣也极易生病。此时应注意充分开启通风设施，但如温度过低，非得关闭门窗时，应在饲养室内放一些干燥剂，如堆放晒枯的松土、堆放硫酸钙等；但不要堆放石灰粉，以免造成弱性浮尘，加速病原菌的繁殖。

5. 经常检查饲养池，防止蜈蚣外逃

蜈蚣由于腹足较多，且其足尖的攀爬能力很强，只要饲养池壁上有一条垂直的粗糙的划痕，蜈蚣即可沿此划痕爬出池外，造成大量逃逸。因此，在管理蜈蚣时，一定要经常检查养殖池内壁上部贴的光滑透明胶是否仍完好光滑，有无划痕，接口是否严密平整，四角是否出现皱褶等。如若内壁上部的防逃设施是镶嵌的玻璃，必须检查玻璃与玻璃之间的接口是否粗糙，玻璃有无破损缺落，四角是否严密合拢。如果玻璃表面粘有黏滞性灰尘或污物也应及时清除，以免构成蜈蚣逃逸的“扶梯”。

6. 搞好清洁卫生

保持活动区的卫生，及时清除剩余的残渣饵料，保证环境清新。每周向饲养室内、屋角、地面等处撒漂白粉一次消毒，每日向饲养池内喷洒 1‰高锰酸钾溶液消毒。

中午利用室外温度较高的时间，打开门窗，只留纱门和纱窗，通风换气 2 小时。

第五章　蜈蚣的饲养管理

人工养蜈蚣是一项细心加耐心的工作，养殖场管理的好坏与养殖成功的可能性大小有很大关系。人工养殖蜈蚣是一门边缘学科，在养殖上应有一套较严格的管理制度和科学记录，不断总结经验，如每天定时进场观察蜈蚣活动，并记录养蜈蚣的捕食、饮水、蜕皮、产卵、病虫害及死亡等详细情况。注意气温的变化，及时采取相应的措施加以保护。另外，平时还要多留心、多观察、多记录、多想办法。为了提高人工养的成活率，又得使蜈蚣养殖快速生长，就必须按照指导进行科学的养殖，不要凭空想像，否则得不偿失。

第一节　蜈蚣饲养管理的一般原则

一、做好蜈蚣场管理

生产实践证明，要想养好蜈蚣，饲养管理人员非常重要。因为人工养殖蜈蚣是一项技术性非常强的工作，从事这个职业的人员首先要多看多学，并熟练掌握蜈蚣饲养过程中的每一个环节所需要注意的有关问题。

1. 认真观察

饲养管理人员平时要多观察，及时发现问题，及时采取有效措施进行解决。观察工作包括以下两个方面：

(1)看环境是否正常。每天应经常观察蜈蚣生活环境的温度、湿度变化及相应的蜈蚣群动态变化，调控光照，通风换气，检查饵料虫供应量是否恰当，并及时对出现的问题进行处理。

为了准确测量房(棚)内的温度、湿度，温度计、湿度计悬挂的最佳位置是在房(棚)室中部距离蜈蚣窝顶 10 厘米左右(四角也要各放一支)。这里距离墙体、窗等温差较大的地方都较远，数值稳定，最能反映房(棚)室的温度。

(2)了解蜈蚣的健康状况，可进行“五看”。

一看体色：健康蜈蚣体色鲜艳，光鲜明亮。

二看行动：健康蜈蚣对温度、湿度、光线等环境因素的变化反应灵敏，静止时后腹部蜷于背上或屈于身体一侧，活动时腹部离地，爬行迅速。

三看分布：健康蜈蚣白天栖息在垛体的缝隙内，一般不在垛体外。夜里活动时，蜈蚣群分布均匀。

四看进食：健康蜈蚣食欲旺盛，捕食干脆利落。

五看粪便：健康蜈蚣的粪便应为软而不稀的糊状物，色白或浅灰。若出现黑色或灰黑色粪便，则表明蜈蚣已出现病态，应及时处理。

2. 讲究卫生

蜈蚣窝内一定要保持卫生，发现残剩料及死的尸体要及时清理出去；如不清理死尸及残剩饵料，一旦腐烂发霉变质，蜈蚣误食后会得病。每隔 1 个月用 1‰高锰酸钾溶液消毒一次。每年更换一次垛体中的饲养土。

每周向饲养室内、屋角、地面等处撒漂白粉一次消毒。

3. 注意遮荫

无论采用大棚养殖或是房养殖，除遮盖遮阳网外，还可以在棚外、房顶种植一些藤蔓类植物，在给蜈蚣遮荫、降温的同时，还可收获一些蔬菜，可谓一举两得。

4. 天敌的检查

检查室内外有无虫害，早发现，早预防。防止老鼠、黄鼠狼、蚂蚁等危害。

二、蜈蚣咬伤的救护

蜈蚣在中医学上为“五毒之一”，毒性物质有两种，即组胺样物质和毒蛋白。它的毒性超过蜂毒和蝎毒，被咬伤后便会疼痛难忍，并出现局部红肿、头痛、发热、眩晕、烦躁、恶心、呕吐，甚至惊厥。个别过敏患者有致死的病例报道。

蜈蚣饲养场的工人整天与蜈蚣打交道，自引种开始，一直到最后的活捕、加工，饲养管理人员一不小心就有被蜈蚣咬伤的危险，其安全保护十分重要。

1. 饲养人员自我保护

饲养人员与蜈蚣打交道，必须学会自我保护，以减少或避免被蜈蚣咬伤中毒。自我保护包括两个方面，即设施保护和行为保护。这两个方面必须以思想重视为前提。

(1)树立防范意识：首先，管理人员必须对蜈蚣的身体构造和行为特征有一个基本了解，弄清蜈蚣毒的危害性和施毒方式。其次，要对蜈蚣毒伤人有正确认识，既不能麻痹大意，也不能过分惊恐。认识到蜈蚣毒性剧烈，但也能顺利解毒。最后，严格遵照蜈蚣饲养场的各项操作规程及安全制度工作。

(2)设施保护：在饲养管理和捕捉加工过程中，要注意配备相应的保护设施。

①进入养殖棚舍要穿戴整齐，用衣物保护自己。一般应穿长

筒袜、长筒裤、长袖衣，不穿带洞的鞋，并扎紧袖口、裤腿。

②戴好防护手套。

③配备各种必要的物品，如竹片制作的夹子或筷子；内壁光滑的容器，用以临时装蜈蚣，或转移、运输蜈蚣。

④建造安全的蜈蚣饲养棚舍，饲养池上罩上网罩，以防止蜈蚣逃出。

⑤其他各种可以防止蜈蚣侵犯的保护措施，都应该使用。

（3）行为保护：设施保护可以大大降低蜈蚣对饲养人员侵害的可能性，但仍难以完全消除危险。因此，除设施保护以外，还应该注意行为保护。

行为保护是饲养人员在饲养过程中，尽量做到行为规范化，避免因自身的行为、动作不当导致被蜈蚣咬伤而中毒。因此，要求饲养、管理人员在接近蜈蚣群时，尽量减少对它们的刺激，并减少用手及身体其他部位接触蜈蚣。另外，注意对所戴手套进行去毒处理，以防止手套带毒后与手及其他部位的皮肤接触，尤其是与伤口接触而毒素进入体内中毒。

同时，必须强调的是，非饲养人员一般情况下不要进入蜈蚣饲养场的饲养区或饲养棚舍，尤其是不能徒手抓蜈蚣。其他有可能接触蜈蚣的人员进入饲养区或饲养棚舍，都要设法采取保护措施，以防止偶然事件的发生。

2. 中毒的临床表现

饲养者容易接触蜈蚣的部位是手、脚及小腿等部位，这些部位最容易被蜈蚣咬伤。蜈蚣咬伤的危重程度应综合考虑以下因素：

（1）中、小蜈蚣咬伤：出现局部疼痛，被咬伤处有白色圆形隆起，其后潮红，可有水肿，表皮坏死，淋巴结炎，一般在 1～3 周内好转、消失。部分患者未经有效治疗，伤后 1 个月仍有局部肿胀、瘙痒等。

(2)大蜈蚣咬伤:局部灼热肿胀、剧痛、灼痛难忍。重者可出现局部水疱或坏死,有明显淋巴管和淋巴结炎。毒素吸收后也可出现全身中毒症状,如头晕、眩晕、恶心、呕吐、发热等,甚至出现谵妄、抽搐、昏迷。幼儿因体重轻,往往全身症状重。

(3)过敏反应:部分患者有类似蜂毒过敏反应,出现过敏症状,甚至出现过敏性休克。亦有致死病例报道。

3. 中毒后急救

中毒后应首先找到被咬伤的部位,迅速挤出毒液,防止向体内其他部位扩散。处理咬伤部位有以下几种方法:

(1)立即用力积压咬伤处,一来可挤出毒液;二来使毒液不至于大量扩散到皮下组织。挤压后在局部敷3%氨水或5%~10%小苏打水。在没有氨水、小苏打的情况下,可抹清凉油或大蒜汁,同时口服止痛药。忌用碘酊或酸性药物冲洗或擦伤口。

(2)用肥皂水清洗伤口,局部用冷湿敷伤口。

(3)用公鸡唾液、蚯蚓体腔液、蜗牛黏液、蛋清液及大蒜汁液涂抹。

(4)用1∶5000的高锰酸钾溶液清洗患部,可清除剩余的毒汁。

(5)季德胜蛇药5~10片,地塞米松注射液调糊状,外涂伤口四周。

(6)在伤口处皮下注射用酒精稀释的普鲁卡因2毫升,可以解毒止痛。也可以注射抗蝎毒血清,有缓解症状的作用。

(7)用中药解毒剂涂敷伤口,如南通产的蛇药、万应锭、二味拔毒散,效果也很好。

(8)用饱和食盐溶液滴到伤处,并用饱和盐水2~3滴滴入眼中,刺激结膜,也有一定疗效。

(9)马齿苋、鸡冠花研末,地塞米松注射液调糊状,外敷患处。

(10)将香烟丝捣碎搅烂,拌菜油涂抹伤口。

(11)对出现全身症状的可以采取综合治疗的方法:静脉注射10%葡萄糖酸钙10毫升,或用10%的水合氯醛15～20毫升灌肠,以防止伤者中枢神经系统出现并发症;用可的松100毫升,混入5%的葡萄糖或生理盐水2000毫升静脉滴注,促使毒素分解排出。滴注时,为防止心肌受损,可配合服用甲硫丙脯氨酸12.5毫克;肌内注射1～2毫克阿托品;注射抗组胺药物,以防止低血压、肺水肿。

被蜈蚣咬伤,即使采用上述方法处理,有些伤口也不会立刻好,需要1周左右的时间才能康复。若全身症状严重疼痛不止,有可能是过敏体质,则应送医院治疗。

三、适宜的饲养密度

人工饲养蜈蚣,如饲养密度过大造成栖息场地拥挤,容易因蜈蚣争窝、争食而相互攻击、咬斗,甚至伤残、死亡或被吃掉。同时,如果不按蜈蚣的龄期、雌雄和体质强弱分群饲养,即使投喂的饵料充足,也会出现成年蜈蚣残食幼蜈蚣,体质强壮者吃掉体弱者的情况。

蜈蚣交配后,把雄蜈蚣分开饲养,否则有被雌蜈蚣吃掉的可能。在蜈蚣产卵、孵化期间,也应把雄蜈蚣或未产卵的雌蜈蚣移到另池内饲养,不能混养在一起,否则会互相干扰,一旦受惊会食卵粒或吃掉幼蜈蚣。为避免这些现象发生,在饲养过程中,一定要适时按雌雄、大小或按各龄分群饲养。

刚开始饲养时不要追求高密度,以防止产生彼此间的骚扰等不利因素。密度一般掌握在小蜈蚣每平方米5000条以下;5厘米长的蜈蚣每平方米2500～3000条;7～10厘米的蜈蚣每平方米1000～1200条,12厘米以上的200～300条。应该注意,这里说的面积是有效的净饲养面积，也就是垛体的面积，不是养殖池的面积，更不是房子的面积。

四、温度、湿度管理

（一）常温养殖的管理

常温养殖时，在环境气温10℃左右时蜈蚣即已进入冬眠期，此时蜈蚣外出活动逐渐减少，摄食量也逐渐减少，并逐渐向饲养土的深层进发，在适当的土层中建造自己的冬眠窝。温度进一步下降时，蜈蚣则完全进入冬眠状态，不食不动。

1. 喂食

根据蜈蚣摄食情况逐渐减少喂料食，并最好在饲料中掺拌具有帮助消化功能的酶制剂、酵母片等，以免造成消化不良。

2. 温度管理

蜈蚣的生长、活动以25～35℃为最适宜温度，如温度超过40℃以上时，会因体内失水太多而使身体干枯死亡；如低于15℃，活动也趋缓慢，蜈蚣迟迟不产卵，刚出生的幼蜈蚣也因温度低而不能蜕皮，容易死亡；降至10℃以下时，则停止一切活动进入休眠状态。因此，蜈蚣饲养房内的温度要适宜。

（1）夏季温度较高，要注意防暑降温，在养殖场栽种草、树木，最好架设遮荫棚或在棚舍四周种植藤蔓植物，或洒水降温。室内养殖的要把门窗打开，每天早晚洒一次水，以保持饲养土的湿度。饮水器内要保持充足的水。

（2）冬天要有保温设施。方法是在养殖蜈蚣的池、箱，巢内加厚泥土至20厘米，然后用稻草覆盖（图5-1），养殖池或养殖箱外加罩塑料薄膜，这样可使蜈蚣安全越冬。必要时要采取人工保温措施，以使蜈蚣不受冻害。

进入冬眠初期，最好每天夜晚关闭门窗，在温暖的中午短时间开启门窗。气温变化过猛时，可采用适当加温的方式以抵消影响。蜈蚣完全进入冬眠后，也应防止饲养舍降温太多。在雪天冰冻季节，应绝对避免饲养土结冰，可在饲养土上铺盖稻草，加盖泡沫板等保暖物体。

图 5-1　加盖稻草的养殖池

3. 湿度

蜈蚣喜湿，如蜈蚣所需空气相对湿度为 70%左右，泥土湿度为 15%～20%。如饲养环境过于干燥，饵料水分又不足时，不但影响蜈蚣的呼吸和体温的调节，也影响产卵和孵化率，可能发生互相残杀，甚至发生失水性死亡。但过分潮湿也不好，如栖息场所的泥土湿度超过 40%，容易受微生物危害，给蜕皮造成一定的困难，甚至产生生理性病变。因此，保持养殖场地适宜的湿度非常重要。

尽管冬眠期间的蜈蚣生理代谢功能低，但由于冬季空气干燥，尤其加热的饲养舍内空气更为干燥，饲养土的水分容易挥发，容易造成冬眠蜈蚣周边小环境过于干燥而使体内水分散失，从而造成冬眠蜈蚣的枯竭。因此冬眠期间应密切注意饲养土湿度的调整，应使饲养土的湿度维持在10%～15%。

4. 防止鼠害入侵

因冬眠蜈蚣无任何抵抗与逃避能力，容易遭受鼠害袭击，因此，饲养舍应密闭门窗，并在老鼠可能通过的出入口设置防鼠器具，严防老鼠钻入饲养土。

5. 通风换气

蜈蚣呼吸需要新鲜空气，空气污染对蜈蚣的生长发育不利。为了保证有足够供蜈蚣呼吸的新鲜空气，要注意加强室内空气的流通。每天中午利用室外温度较高的时间，通风换气2小时。冬天通风的时间可短一点，夏天可长一点。具体安排，可根据天气的变化掌握通风换气的时间。

6. 推迟越冬时间，延长生长期

蜈蚣属变温动物，外界气温升降的变化对其生活有极大的影响，寒冷的冬季威胁着它的生命。为了逃避寒冷冬季的威胁，它就钻入地下，以冬眠的方式越冬。冬眠时钻入层的深度与气温、土温的高低直接相关。气温、土温越低，钻入土层则越深；气温、土温较高，则钻入土层较浅。在一般气温、土温条件下，多在土层15～40厘米处冬眠；气温、土温低时，可在土层80～100厘米处冬眠。若土温升高，不仅可以推迟冬眠时间，而且可在土层浅处或土表冬眠。由此可见，土温的高低是影响蜈蚣冬眠时间长短、潜伏土层深浅的关键。因此在养殖中，人为地提高冬眠场所的土温，不仅可以缩短它冬眠的时间，使之安全越冬，而且可相对地增加蜈蚣正常的生活期，有利于提高养殖蜈蚣的产量。比如在蜈蚣越冬前夕，在养殖场开挖80～100厘米深的坑，把挖出的泥土与收集的垃圾泥灰按2∶1的比例拌和均匀，倒入坑内，把坑填平，然后铺上适量的砖瓦碎块放入蜈蚣。再盖一层细土，最后覆盖树枝枯草，这样就可以改善蜈蚣越冬的环境条件。

越冬环境条件改善前土温低，早、中、晚土温升降变化大；改善后土温大幅度升高，早、中、晚的温差变化小，能基本保持土温在同一天内无大的变化，有利于蜈蚣安全越冬。蜈蚣越冬环境条件改善后的好处很多，一是经过深翻，疏松了土壤，土层中空气流通，因土表盖有细土枯草，砖瓦碎块下的土中热量不易散失，增强了保温能力；并且土中热量容易在砖瓦碎块间散发，缩小了一天内早、中、晚的温差。二是砖瓦碎块容易吸水，造就了蜈蚣要求的阴湿环境，且砖瓦碎块间空隙较大，有利于蜈蚣的出入活动和栖息。三是垃圾泥灰与土壤拌和后，垃圾迅速腐烂、分解，散发出大量热能，使土温升高而较恒定，缩短蜈蚣冬眠的时间。因此人为改善蜈蚣越冬场所的环境条件，是帮助其安全越冬的有效方法，应予以推广。此外，蜈蚣越冬后，恢复了活动能力，要严密封闭饲养场所，防止蜈蚣外逃。

7. 冬眠结束时的管理

当蜈蚣即将从冬眠中苏醒时应及时去掉饲养土表层的铺盖物，以免蜈蚣醒后钻入其中。同时做好饲养舍的清洁卫生，对运动场、投饲器具、饮水设施等进行彻底消毒，做好下一年的饲养准备。

(二)加温养殖的管理

近年来，为了最大限度地提高蜈蚣的养殖效益，也为了尽快将该项养殖业推向集约化工厂化生产的水平，不少地区开展了蜈蚣冬养试验，取得了一些喜人的成绩。实验证明，在全人工控温、控湿等条件下养殖蜈蚣可以大大缩短蜈蚣从孵出到成品的时间。

1. 蜈蚣冬眠前的活动规律

在野生条件下，蜈蚣冬眠时间长达半年之久。在冬眠以前，蜈蚣从生理上到行为上都是在做充分的准备工作，以利于越冬，增加起蛰后的抵抗力。

首先，冬眠前蜈蚣身体要做好充分的营养贮备，以供冬眠期的代谢消耗。尽管冬眠期间蜈蚣的代谢水平很低，但毕竟没有停止，仍需要消耗一定数量的营养物质。半年时间必定要消耗一定比例的物质。

如果冬眠前体内物质贮存不足，冬眠时把体内的营养物质消耗完了，第二年春季出蛰时体质很弱，抵御不了天气的变化刺激，就会死亡。所以，蜈蚣在进入冬眠以前吃食量会增加，食物以脂肪、蛋白质的形式贮存在体内。

饲养生产中，在冬眠前 1 个月，就应该供给蜈蚣充足的饲料量，并且饲料的营养价值要高，使蜈蚣很快肥胖起来，体重迅速增加，以备冬眠期体质消耗。

其次，蜈蚣冬眠要有一个良好的环境。一般来讲，冬眠场所温度最好在 1～3℃，环境湿度在 30%，饲养土的湿度在 10%～15%为好。越冬环境中湿度过大，会降低蜈蚣冬眠时的耐寒性；湿度过小，蜈蚣体内水分散失较快，也会影响冬眠时的成活率。

2. 冬眠期特征

冬眠完全是蜈蚣因季节变化、天气寒冷引起的对低温的一种适应。每当气温降到 10℃左右时，蜈蚣生理机能减弱，新陈代谢处在全年的最低水平，到翌年春季，气温回升，冬眠环境温度达到 10℃以上时，再恢复正常生理代谢，这段时间称为冬眠期。

冬眠期的长短随着地域的不同而有长有短。一般江南地区蜈蚣的冬眠期短，而北方地区蜈蚣的冬眠期长。

冬眠期间蜈蚣的外部行为完全停止，不吃不喝也不动，静静地消耗着冬眠前贮存在体内的营养物质，内部必要的代谢活动在最低水平上维持着。这种“沉睡”状态，一般在冬眠的中后期最深沉，对外界的刺激反应最迟钝，也最容易受外界不利环境的影响而导致死亡。因为这时蜈蚣没有逃逸能力，防疫能力也很差，是最脆弱的时期。

冬眠前，蜈蚣体内营养物质贮备不足是很危险的，即使代谢水平很微弱，也不能维持到第二年春季冬眠结束。退一步说，即使维持到第二年春季冬眠结束，由于体内物质消耗完了，还没来得及恢复，遇上恶劣环境，也会大批死亡。

在自然状态下，蜈蚣的冬眠习性是因适应自然选择而形成的。在人为条件下，可改变这种习性，打破冬眠，加快其生长发育节奏。

3. 冬季加温饲养

加温饲养的房舍一定要保温性能好，这样可以节约燃料，同时要有通风换气的条件。室内空气不新鲜时，可以在不会大幅度降低室温的前提下进行换气。

(1)加温时间：蜈蚣在气温降到 10℃以下时进入冬眠，因此在当地气温降低到 10℃时，就可以进行加温。

(2)加温方法：在蜈蚣尚未冬眠前，准备好加温、控温所需器材的相关准备工作。加温设备可用煤炉、蒸汽炉、木屑炉、电热管、绝缘电热丝、自动恒温控制器、暖气片加温，也可以利用发电等工厂和浴室的余热。在条件较差的地方可以利用稻壳、柴草、热水等加温。

使用煤炉加温，可在煤中掺入一定量的石灰，以发生中和作用，避免二氧化碳、一氧化硫等有毒气体致蜈蚣中毒。在饲养时，按大小规格必须分池越冬，以免因混养造成大蜈蚣抢食和残食小蜈蚣等现象。

(3)饲养管理：冬季采取加温饲养蜈蚣，其管理方法基本上与常温饲养期间的日常饲养管理方法相似。主要是做好温度、湿度的调节及饲喂和饲养场地的环境卫生工作。

①湿度控制：这是冬季加温养殖的主要技术关键，由于饲养舍

内外气温温差大，地温与室内温差也大，因此空气对流严重，容易使水分蒸发，尤其饲养土可以保持湿度在10%～15%，空气相对湿度应调节在30%左右。保持湿度的主要设施为喷雾器、草帘或麻袋，吊于养殖池的上方，并经常保持湿润。对饲养土的供湿则要向土表面喷水，水向下渗透，让蜈蚣自由选择适宜区域栖息。另外，由于冬养蜈蚣多采用立体多层次养殖池或养殖槽进行养殖，对上层的养殖池或养殖槽更应注意这一问题。

②温度控制：供暖是冬养蜈蚣的必要条件。冬天温室养殖蜈蚣应保证室温控制在25～32℃，并要特别注意不能使空气温度暴升暴降，否则会使蜈蚣因消化不良和代谢紊乱而大批死亡。

供热设施主要有煤炉加导烟管，最好准备两套，以免换煤时造成温度陡降；烧炕加地龙或火龙方式需要燃料较多，但对北方冬季有烧炕习惯的地区来说可以与烧炕习惯结合起来进行。在设计冬养舍时可以考虑这一点；对有暖气供应或有工业余热的养殖者来说，这是一个较便利的条件，这种方式较安全、卫生。

③饵料：越冬饲养蜈蚣所需的饵料主要来源于越冬前已制备好的肉粉、昆虫粉、蚕蛹粉、蛋黄粉等各类饵料。投喂量应根据蜈蚣数量的多少和取食情况灵活掌握，一般每隔2～3天投喂一次即可。在投喂时要以“满足需要，宁余勿欠”为原则，保证出窝觅食的蜈蚣均可获得饵料。

④搞好卫生：饲养环境不干净，容易引起各种微生物或螨类等有害病菌的侵染。因此在冬养中同样要搞好卫生，并做好各种设备的消毒工作。饲养室内尽可能减少人员进出，室内不能吸烟。蜈蚣的排泄物、生病的虫体和死虫以及尚未食尽或变质霉烂的残食应及时清除。

蜈蚣室内加温饲养技术已普遍使用，饲养者可以根据自己的具体条件开展加温饲养工作，不断地总结经验，有所发明、有所发现，总结出高效饲养的技术。

五、科学投喂

人工饲养蜈蚣，既要保持充足的饵料，又要提供多种多样的饵料，不能单喂某种饵料，这样才能使蜈蚣得到足够的营养需要，促进蜈蚣摄食，利于生长。

蜈蚣一般都在夜间出来活动，晚 20～23 时是它们活动的高峰期。其特点是夜间活动多，白天活动少；气温高于 25℃时活动多，10～15℃活动少；雨后的夜晚活动多，雨天的晚上活动少；无风或微风的夜晚活动较多，大风（风力在六级以上）的夜晚活动少。由此可见，蜈蚣活动的频率与气温、气压、相对湿度、降雨量和光照强弱等气象因子都有密切的关系。

幼体蜈蚣每次可食用 0.1 克饵料，成体蜈蚣每次 1 克。幼体蜈蚣每天投喂一次，成体蜈蚣每 2～3 天投喂一次。每天晚 7～8 时投喂新鲜饵料，以便蜈蚣形成条件反射，培养进食的规律性，每次投放的饵料要置于浅盘或碟子内，这样既便于蜈蚣摄食，又便于收集残料。每天早晨及时将饵料盘收集起来，注意观察食盘内的食物余量，做到既能使蜈蚣吃饱又不浪费饵料。然后将饵料盘清洗干净备用。

投放食料还应视季节增减，春、夏季蜈蚣活动量大，应多放；晚秋、初冬则可适当减少。雨后天气闷热的夜晚，蜈蚣活动加强，食欲较好，可适时增加投食量；大风或阴雨等不良天气应减少投喂量甚至不投食。恒温养殖时，投食量比常温养殖要多些。另外，孵化期间不需要喂食、喂水。

总之，应充分考虑气象因子对蜈蚣活动的影响，合理投食。

六、科学喂水

蜈蚣可以几天不进食，但一天也离不开水，因此，必须确保蜈蚣生活的垛体水分适中，蜈蚣的生活环境有充足的饮用水供应。供给饮水的方式主要是在浅碟内放入吸足水的海绵，并应多设几处，也可与食盘同放。要注意每天清洗盘子，换水，以免因蜈蚣取食时将食物中的黏液残渣带入水中污染饮水。

为了防止各种蜈蚣病，每 2000 条成蜈蚣，用土霉素 2 片，加入清洁的饮用水浸泡后，搅拌均匀投入海绵，让海绵吸足土霉素药液，然后放在养殖区内蜈蚣经常活动的地方，让蜈蚣自由吸饮。每 7 天一次，每次连续 3 天。或隔 10 天，用吃了土霉素和食母生的黄粉虫连喂 3 天，预防各种细菌性蜈蚣病。

目前，有养殖者在饲养池内种植小白菜解决蜈蚣饮水问题效果很好。蜈蚣喜欢吃新鲜蔬菜的菜叶，还会躲在蔬菜叶片下休息。因为蜈蚣只是少量啃食小白菜，不影响小白菜生长，并且小白菜需水量不是很大，只要像平时浇花一样经常喷洒一些水就能满足小白菜的生长需要，同时菜叶上经常会有新鲜的露珠，这样一来蜈蚣吃青菜的同时还可以喝上露水。更重要的是，小白菜生长的环境温度、湿度基本和蜈蚣的生长要求一致，这样一来，蔬菜就成了蜈蚣的晴雨表，只要蔬菜长得好，说明这样的环境蜈蚣也能很舒服。

第二节　蜈蚣的分龄饲养管理

一、幼蜈蚣的饲养管理

刚离开母体的幼蜈蚣虽然已具备了基本生活能力，但毕竟身体还比较嫩弱，所以常常将当年孵出的蜈蚣放在较小的容器（如塑料盆、玻璃缸等）中，饲养到第一个冬眠期的到来。每个直径约50厘米的塑料脸盆可放养2～3窝同时出生的幼蜈蚣。在盆内铺上5厘米左右的饲养土，土上再叠放3～4层吸足了水分的瓦片，供蜈蚣栖息；瓦片上再放上盛有吸足水的海绵浅碟，供蜈蚣饮水；饲养土的中央放一个或数个小浅碟，用于喂食。将饲养容器摆放于空的饲养池的饲养土上，以防止幼蜈蚣在生长过程中外逃。

1. 防逃

幼蜈蚣攀附能力强，行动敏捷，要注意防止幼蜈蚣逃跑。对防逃玻璃条、两块玻璃接合处要用透明胶布粘合，并经常用干净抹布抹净玻璃条。

2. 饲喂

刚孵出的小蜈蚣身体幼小而嫩弱，捕食能力非常低，因此，初期幼蜈蚣的饵料以蛋黄和牛奶较好。蛋黄搅成糜状后直接投放于浅碟内，而牛奶则需要先溶于水，再以小海绵饱和吸附，然后将小海绵置于浅碟内，每天更换一次。要特别注意清洗塑料盘与海绵，当发现海绵发出腐臭味时，应及时更换。

小蜈蚣喂养半个月之后，应逐渐减少蛋黄、牛奶喂量，同时饲喂黄粉虫、蚯蚓、蝇蛆等其他饵料。投喂蚯蚓、蝇蛆时，应选择与蜈蚣身体粗细相近的个体，将其切成小段，清洗干净后投于浅碟内。黄粉虫则可直接投喂。

3. 温度、湿度控制

幼蜈蚣饲养土的温度应尽量维持在25～30℃，这在南方地区不算难题，因大多数幼蜈蚣离开母体时，正值炎热季节。只有那些较晚出生的幼蜈蚣离开母体时适逢气温多变的秋季，应小心控制饲养土的温度。

幼蜈蚣饲养土的湿度应维持在20%～25%。为防止底部积水，应在饲养容器的底部较低处用针或小钉刺一些小洞以利于渗漏。

4. 准备好冬眠前的过渡

当幼蜈蚣在小器皿中饲养1.5～2个月后，它们出生后的第一个冬季也即将到来，此时幼蜈蚣也完成了独立生活后的第一次蜕皮，进入第二次蜕皮期。应将所有的幼蜈蚣进行一次清理，按大小与蜕皮进度分群，放入不同的养殖池或养殖槽中进行饲养，此时饲养池的饲养土一定要疏松，饲养舍内的温度要保持相对稳定，以利于幼蜈蚣顺利进入冬眠期。

二、育成期的饲养管理

幼蜈蚣经过第一次冬眠期后，即已具备了大范围觅食、饮水、潜伏等活动的能力，此时便已进入了育成期。蜈蚣的育成期比较长，要经过至少3个冬季，完成6～7次蜕皮，这需要养殖者有坚定的、持久的耐心。

1. 放养密度

育成期蜈蚣的放养密度伸缩性比较大，应根据蜈蚣的大小、饲养舍的生态条件、饵料来源的丰富程度等确定。一般情况下，刚度过一个冬眠期的小蜈蚣每平方米可放养5000条左右，以后随着蜈蚣的蜕皮长大，其密度相应降低，到5厘米长后（完成第三次蜕皮），密度可降为每平方米2500～3000条。如果采用多层立体池（槽）养殖，空间小，饲养室又阴暗、潮湿，通风性能差，则放养密度应小些；相反，饲养舍内空气清新、冬暖夏凉，则放养密度可适当大些。

随着小蜈蚣的长大，蜈蚣的不合群性也越来越明显。饲养环境不好，往往导致蜈蚣之间互相干扰，互相伤害。因此要随着蜈蚣的长大，应经常调整密度，每蜕皮一次，应使单位面积上的饲养数量下降15%～20%，经过3～4次的调整后，密度即可以相对稳定下来。

2. 饵料投喂

育成期的蜈蚣饵料比较丰富，凡野生情况下蜈蚣能摄食的动物都可以作为此期饵料。常用的品种有蚯蚓、蝇蛆、蝗虫、蚱蜢、黄粉虫、地鳖虫等，应掌握好喂料量，既不能饲喂过多，浪费饵料，造成污染，也不能经常断档，以免蜈蚣因饥饿而相互残杀。

有资料介绍可以在饲养土中添加一些动物碎杂肉骨来引诱一些小动物，供蜈蚣摄食，这种做法不可取。因为这些下脚料不仅会引来饵料动物，更容易引来天敌与虫害，得不偿失。室内养殖时用此法，更不会有何收效。

3. 大小分群

应结合饲养密度的调整进行经常性分群，同一池中应尽量饲养年龄相同、个体差异不大的蜈蚣。另外要注意，同龄期的几窝蜈蚣最好放入同池内饲养，不得无故将同一窝的蜈蚣随机分配到各个池中养殖。因为生产发现蜈蚣间的相互干扰与残杀往往发生于不同窝的蜈蚣之间，而同窝内发生的较少。每次分群时，只将一些蜕皮迟缓、个体特小、体质较差的蜈蚣挑出分池饲养，而健康强壮、生长快的蜈蚣仍留在原池饲养。

4. 悉心观察

观察生长期的未成年蜈蚣可以用短期开灯的方法进行。观察时间选择在晚上 10 点左右，此时大多数蜈蚣都从饲养土中爬出，在饲养土表面或活动场上觅食、饮水、游动。此时可以观察它们的活动能力、身体发育情况、健康状态，以及是否进入蜕皮期等。每次观察时间不可太长，灯光也不可太强，也不必每天观察。当察觉到蜈蚣群出现某些异常情况，或气温突然变化，或推测蜈蚣进入了蜕皮期，或实行了某些新措施之后，都应及时观察蜈蚣群的反应，发现问题及时处理。

如发现蜈蚣骚动不安，天亮后还有大量蜈蚣不回饲养土中，则应考虑饲养土是否出现了异常，是否需要更换。如发现蜈蚣受惊或残食处于蜕皮期的蜈蚣，则应考虑是否密度过大，或环境中是否存在不安静的因素。发现病蜈蚣时应及时了解气温是否下降过快、投喂时间与喂食量是否正确等。

5. 注意调节温度、湿度

2 龄以上的未成年蜈蚣对温度、湿度要求与种蜈蚣基本相似，由于本期时间较长，此期间外部气候变化多，需要养殖者有足够的耐心。

6. 注意防逃，防止敌害侵入，搞好环境清洁卫生

具体管理内容同“种蜈蚣引进后的饲养管理”。

7. 适时采收与留种

当蜈蚣生长到第 4 龄时，绝大多数蜈蚣都已达到了药用蜈蚣的体长标准，而且都已进入了性成熟期，此时也正是商品蜈蚣的最佳采收期。此时，最好将整个饲养池进行一次全面的清理，将所有的蜈蚣都清理出来，放于若干个容器中，从中挑选出个体肥大、健康强壮、体表色泽鲜艳、活动力强的蜈蚣，并按3∶1的雌雄比例选好雌、雄蜈蚣作为种用。其余的蜈蚣可以作为商品采收，进行初加工等处理。

第三节　蜈蚣的四季管理

1. 春季管理

春季气温较低，蜈蚣虽然开始苏醒，但活动能力差，消化能力不强，过早给食往往使蜈蚣吃进去消化不良，一般5天投食一次。

立春后，随着气温回升，冬眠的蜈蚣慢慢苏醒，气温上升到15℃时，有少量蜈蚣出蛰活动，此时可提供一些带有营养物的温水（加奶粉、葡萄糖），让其饮用。

当气温达20℃以上时，大部分蜈蚣出洞寻食，但活动和消化能力均不旺盛，故而应少喂一些含水分多的小昆虫和其他食物，以免因气温低、活动少、消化弱而引起腹胀甚至死亡，同时还要注意保温，以防寒潮的突然袭击。随着温度逐步升高，可适量增供容易消化的多汁饵料（如青菜）和精饵料（如肉类）。

清明至小满期间，当气温从20℃增至25℃左右时，绝大部分蜈蚣都出洞觅食。这时，它们活动力旺盛，进食量增加，消化能力增强，应继续增加饵料的供应量，以免因饵料短缺而生长缓慢，产卵推迟或孵化成活率低。

2. 夏季管理

立夏前后，各龄蜈蚣纷纷在夜间出穴活动并觅食。因天气炎热，此时养殖应该注意喂食应以多汁、容易消化的饵料为主，每3～

5 天投喂一次，如昼夜温差较大，可 7 天投喂一次。

芒种前，都相继进入了快速生长发育的阶段，幼仔频繁蜕皮，成年蜈蚣交配繁殖。此时的采食量明显增加，应适当增加投喂次数，供应足够的饮水，并及时清除食物残渣，以防其腐败变质。

芒种后，没有交配过的雌蜈蚣会四处乱窜。此时应酌量增加雄蜈蚣的投放数量，以保证顺利完成交配。

小暑前，由于养殖环境的温度、湿度适宜，幼仔生长加快，各龄蜈蚣进入蜕皮的旺盛期，交配过的也开始产卵。幼仔离开母体后要供给幼仔鱼片，并可以添加一定量的配合饵料；雌蜈蚣除供给猪肺和鱼片外，还应投喂其他动物性活饵料，使其获得全面营养，以达到产仔快、产仔多、产仔优的目的。

小暑以后，气温较高，是蜈蚣发病率和死亡率最高的季节，尤以霉菌引起的疾病较为多发。因此要间断性地往养殖池、养殖床及栖息板上喷水，以降低养殖室内的温度。喷水时以雾状为佳，喷水次数视天气情况而定，一般每天喷水 1～2 次。

另外，还要定期用高锰酸钾、来苏儿等消毒液对养殖棚舍进行消毒。若在喂食的饵料中添加各种维生素，蜈蚣采食后会收到事半功倍的效果，养殖者不妨一试。

3. 秋季管理

立秋后气温仍较高，这时仍以投喂鲜活昆虫类饵料为主，并继续做好降温通风工作。

秋分后，天气开始逐渐变冷，空气湿度也增大，有时出现阴雨连绵的秋雨天气，会影响蜈蚣的正常生长。同时，常温养殖的蜈蚣将处于入蛰冬眠的准备阶段，摄食量增大，新陈代谢旺盛。这时，可根据空气湿度适当减少供水量。若饲养环境过于潮湿，应打开门窗通风。多投喂含脂肪较多的昆虫和肉食类饵料，以便蜈蚣体内积累足够的营养物质，保证冬眠期间生存，安全越冬。

加温养殖的在做好加温准备的前提下，在气温降到 10℃时可开始加温。

4. 冬季管理

天气转冷时常温养殖的蜈蚣逐渐进入冬眠状态。加温养殖的若温度保持 25℃左右，蜈蚣可越冬不冬眠，提高繁殖能力。

(1)自然冬眠管理

①喂食：根据其摄食情况逐渐减少喂食量，并最好在饵料中掺拌具有帮助消化功能的酶制剂、酵母片等，以免造成消化不良。

②防止饲养的温度剧烈变化：进入冬眠初期，最好每天夜晚关闭门窗，在温暖的中午短时间开启门窗。气温变化过猛时，可采用适当加温的方式以抵消影响。蜈蚣完全进入冬眠后，也应防止饲养舍降温太多。在雪天冰冻季节，应绝对避免饲养土结冰，可在饲养土上铺盖稻草、加盖泡沫板等保暖物体。

③保持湿度：尽管冬眠期间的蜈蚣生理代谢功能低，但由于冬季空气干燥，尤其加热的饲养舍内空气更为干燥，饲养土的水分容易挥发，造成冬眠蜈蚣周边小环境过于干燥而使体内水分散失，从而造成冬眠蜈蚣的枯竭。因此冬眠期间应密切注意饲养土湿度的调整，饲养土的湿度维持在 10%～15%。

④防止鼠害入侵：因冬眠蜈蚣无任何抵抗与逃避能力，容易遭受鼠害袭击。因此，饲养舍应密闭门窗，并在老鼠可能通过的出入口设置防鼠器具，严防老鼠钻入饲养土。

⑤冬眠结束时的管理：当蜈蚣即将从冬眠中苏醒时应及时撤掉饲养土表层的铺盖物，以免蜈蚣醒后钻入其中。同时做好饲养舍的清洁卫生，对运动场、投饲器具、饮水设施等进行彻底消毒，做好下一年的饲养准备。

(2)冬季加温管理：寒露、霜降期间，密封饲养室采用电热器、锅炉、火炉、火墙、火炕等对蜈蚣房进行加温处理，达到恒温，使室温升至28～30℃，空气湿度要达到75%以上，强制蜈蚣不冬眠。降低饲养土湿度，在食盘中加水供蜈蚣饮用，以补充饲养土水分的不足。

管理过程中，要避免室内温度大幅度变化。如遇某种特殊原因，使室内温度大幅度下降至10℃以下，需要重新提温时，应缓慢进行，每日提温以7℃左右为宜。只要温度适宜，投食供水应和往常一样。

每天下午13～14点对饲养室通风，也可用排气扇进行强制排气15分钟。

立冬、小雪、大雪期间，对蜈蚣房四周用土或杂草、麦糠加厚30～50厘米；蜈蚣房顶部用软草盖严约50厘米，然后再加盖一层塑料布；门和窗用棉被封严。冬至、小寒、大寒期间，经常查看室内的温度和空气相对湿度，查看蜈蚣的采食、饮水、密度、生长、繁殖等情况，精心管理。

另外，每周向饲养室内、屋角、地面等处撒漂白粉消毒一次，每天向饲养池内喷洒1‰高锰酸钾溶液消毒一次。

第六章　蜈蚣场的卫生防疫与疾病治疗

蜈蚣不像其他特种经济动物那样容易发生传染病，通常在人工饲养的情况下，很少发生过大批死亡的现象。如果蜈蚣饲养室内卫生条件不好、湿度过高或过低、饵料和饮水不卫生等，也会导致疾病发生。蜈蚣一旦有病变现象发生往往难以治愈，所以还应以预防为主。

第一节　蜈蚣场的卫生防疫

蜈蚣养殖的卫生防疫主要包括蜈蚣养殖场、饲养房的环境卫生、食物卫生和环境防疫消毒。

1. 环境卫生

环境是要靠人来维持和保护的，一旦有忽略将会造成不必要的损失，后果将难以想像。因此，一定要做好环境卫生工作。

平时对蜈蚣饲养场内外要勤打扫，清除杂物和垃圾，不让病原微生物滋生，保持经常性的清洁卫生。如卫生做不好，容易滋生病原体，影响蜈蚣的健康。

平时所用的木板、瓷盘等要经常用 0.1%的高锰酸钾溶液进行浸泡、消毒，刷洗，并用清水冲洗干净，以免蜈蚣受到污染。

蜈蚣饲养池要经常检查，池壁应进行擦洗，走廊、墙壁要经常清扫，定期用高锰酸钾溶液或者漂白粉进行消毒，以尽量减少病原菌繁殖的机会。发现饲养池内有死亡的蜈蚣，应及时清除，并及时查明原因，给予处理。

调节好饲养舍内的温度以及饲养土的含水量。在温度变化较剧烈的时节，可以采取供暖措施，以维持室温的稳定；夏季气候炎热时，应加强房舍通风，还应采取洒水降温等措施。

2. 食物卫生

食物卫生包括饵料卫生和饮水卫生。蜈蚣的饵料来自小动物、肉末和谷物类，不管是哪种饵料，都必须新鲜。绝对不能喂腐败变质的饵料，以免引起疾病。当天投入的食物没有被蜈蚣吃完，第二天一定要清理干净残留物，以免放在饲养池中时间长了变质，蜈蚣吃了这些变质的饵料而引发疾病。

另外，还要注意饮水卫生。水槽或水盘中的水要勤换，保持新鲜，不能让蜈蚣饮用放置时间较长的水，否则会有病原微生物滋生而引发疾病。

在做好一系列的卫生和消毒工作的同时，也要科学地使用药物预防。在喂食的饵料中拌一些药物食用，如土霉素、金霉素、制霉素、克念霉素等药物，选择一种碾碎适量拌入食物中投喂(药物使用时要严格按照说明书使用)。另外，可用青霉素喷雾消毒，在傍晚蜈蚣出来活动时直接喷在蜈蚣身上，每隔 1 周喷一次。

另外，有养殖者在每 1000～1500 克黄粉虫加入食母生 10 片、维生素 C10 片、土霉素 3 片混研成末，并与少许玉米面、豆面和鱼粉拌匀后，每隔 1 周饲喂一次黄粉虫，再用吃了药物的黄粉虫喂蜈蚣。一般隔 10 天左右喂一次，可预防各种蜈蚣病的发生，还能提高蜈蚣自身的免疫力。

3. 防疫消毒

尽管蜈蚣饲养场的消毒工作不像养禽场那么严格，但必须做好消毒工作。首先，清扫完毕后应进行消毒，防止致病的细菌、病毒滋生。其次，对身上有病灶的死蜈蚣应立即清除，并对死蜈蚣的窝进行清除，周围经过消毒后换上新的砖块或瓦片。定期对各种设施和工具进行消毒灭菌，并形成制度。

(1)环境消毒：养殖场区定时清除杂草、清除垃圾，环境打扫完毕后，用0.02%～0.04%的福尔马林进行喷洒消毒，以减少环境中病原微生物的产生。

(2)室内消毒：新建的养殖棚舍清扫以后，或陈旧的养殖棚舍在蜈蚣成批转棚舍后进行彻底打扫，打扫以后的棚舍内必须经过消毒，消毒的方法是用30%的福尔马林溶液彻底喷洒。

(3)发现病蜈蚣后的处理消毒：如果在养殖棚舍内发现了病蜈蚣，特别是发现了有发霉现象的死蜈蚣后，应立即用0.1%的高锰酸钾溶液将养殖场地、垛体和用具彻底地喷洒一遍后，再用中草药百部1000克兑水8000克煮沸25分钟后，将垛体再喷洒一遍，做到全面彻底的消毒灭菌。也可以用5%来苏儿喷洒或用0.02%～0.04%的福尔马林溶液喷洒。

(4)设施及工具消毒：养殖棚舍内的设备和工具，因养蜈蚣温度和湿度适宜，可能会有病原微生物附着后滋生，凡是可以搬动的，都必须定期搬出养殖棚舍，消毒灭菌后再重新使用。大型工具或设施可用5%来苏儿或高锰酸钾喷洒消毒。养殖的器皿可用0.1%高锰酸钾浸泡消毒。平时每半个月消毒一次，高锰酸钾和来苏儿交替使用不可单一使用。

4. 天敌预防

在动物界通常都会有对应的天敌存在，蜈蚣也不例外。蜈蚣的天敌常见的有鸟类、鼠类、寄生虫、蚂蚁等。在养殖管理当中要随时提防天敌的危害，建池前后都要考虑周全。建池前后要严格按照建池指导安排工作，建池后要随时检查、观察，及时发现问题，尽快解决。

第二节 蜈蚣病虫害的防治

人工饲养蜈蚣历史较短，在人工饲养情况下，有些疾病还没有表现出来，有些疾病已经发现了但还没有根治的有效措施。

一、蜈蚣病害的防治

1. 黑斑病

黑斑病是人工养殖蜈蚣中最常见的主要病害。尤其是在6月中旬到8月底的高温潮湿的季节，人工养殖池内很容易滋生由霉菌所致的黑斑病，往往造成当年出生的幼小蜈蚣大批死亡，有时成年的大蜈蚣也会因感染上这种霉菌病而致死。据调查，很少发现野生蜈蚣有这种疾病。因此可以认为，黑斑病是人工养殖条件下的一种严重病害。

【发病原因】本病是由于饲养舍（池）内湿度大、温度高，由于饲养管理人员的喂食、观察等活动或投喂饵料直接将绿霉菌带入饲养舍或接触蜈蚣身体上，在蜈蚣体表大量繁殖，而导致蜈蚣发病。

【发病症状】初期在发病蜈蚣的胸板（也叫腹板）或两个体节折叠的皮膜上，或附肢的关节皮膜上出现黑色或绿色的小斑点，这便是霉菌在此寄生后，菌丝放射出的孢子。此时，菌丝已在蜈蚣体壁大量繁殖，病蜈蚣体表失去光泽，随着病菌进一步扩散、繁殖，病蜈蚣出现附肢僵硬、难以爬行、行动呆滞迟缓、离群且常常天亮也不归窝。同时，不食不饮、逐渐枯瘦、腹面完全变黑，而后死亡。死亡的蜈蚣多在饲养土表面、活动场或瓦片上。由于发病过程中，霉菌孢子可弹射于空气中或遗落于饲养土上或运动场上，当健康蜈蚣粘上后又可在身上生长繁殖，引起病变。因而该病传播速度快，常常引起当年出生的幼年蜈蚣成批死亡，大蜈蚣出现部分死亡现象。

【预防措施】

(1)饲喂蜈蚣的食盘、水盘等各种用具应经常刷洗。在高温、梅雨季节，这些用具还要经常用0.1%高锰酸钾浸泡消毒。

(2)调节好饲养舍空气的相对温度及饲养土的含水量。在长时间阴雨天里，应加强房舍通风，必要时开启排风设施，使饲养舍内外空气对流，减少霉菌繁殖的机会，应经常贮备干燥的饲养土。如养殖池中饲养土过湿，可考虑进行部分更换，以让干土吸取湿土中的水分，达到调节饲养土含水量的目的。

(3)细心观察，尤其在高温、梅雨季节，要加强蜈蚣群的观察，发现活动异常、体表色泽异常等一些个体，应及时捉出仔细检查，一旦确定为绿僵菌病，应及时丢弃，并将该养殖池全面清理，将所有的蜈蚣逐个清出并仔细检查，发现患病个体立即杀灭，再做无菌处理后丢弃，对剩余的个体放于盆中移出饲养舍进行隔离观察。对该池的饲养土泼洒消毒液后全部清除，饲养池也彻底消毒。消毒时可选用3%的福尔马林、克霉灵或1%～2%漂白粉等。该池中的其他用具也一并进行严格的消毒处理。

(4)饲养池周围，饲养舍的墙壁、门窗及空气都用喷雾器喷撒1%～2%漂白粉，以杀灭舍内可能残留的绿霉孢子，防止再传播。

(5)饲养人员在操作时也应注意自身的消毒，每间饲养舍门口最好设有消毒池，每间饲养舍最好配有相应的工作服、工作帽等，从一间饲养舍进入另一间饲养舍时应消毒、更衣。

(6)注意饵料质量，并且投喂的饵料不得带菌。能携带该种病菌的饵料动物，主要是与蜈蚣一样具有外壳的昆虫等。另外，有资料介绍，在饲养土中添加肉骨头、腐熟畜粪以招引昆虫供蜈蚣食用，这种做法不可取，这些有机肥在饲养土中往往会成为霉菌的培养基地，因此，尽量避免饲养土中混入有机质。

(7)在饵料中添加抗生素、葡萄糖、维生素等，以提高蜈蚣的抗病能力。

①金霉素 0.25 克加葡萄糖 5 克、维生素 B 片 0.5 克，用 500 克饵料拌匀投喂。

②氯霉素 0.25 克、全脂奶粉 5 克溶于 150 毫升温水中，用海绵吸收，然后让蜈蚣吸吮，每日 1 次。

(8)由于该病多发生于当年出生的体表尚未长好的幼蜈蚣，因此，当年孵出的幼蜈蚣最好放入盆及小容器中与大蜈蚣分开养殖，这样一旦发现某一盆中的蜈蚣染病，可快速处理，控制病情蔓延。

【治疗方法】

(1)发现病蜈蚣，应及时清理饲养土，用 3%的福尔马林水溶液喷洒消毒，然后换入无病害的饲养土。用具、垛体及饲养池用 0.2%的高锰酸钾水溶液或 0.5%的漂白粉溶液浸洗消毒，待其晾干后，将消毒好的物品放回饲养池中。

(2)用 0.25 克金霉素片、红霉素片研粉加水 600 毫升后供其饮用，每天 2 次，连续 3～4 天，或用红霉素、金霉素研粉加水喷洒在垛体上。

(3)用食母生 0.6 克、土霉素 0.25 克、氯霉素 0.25 克共研成粉末，同 400 克饵料拌匀喂生病的蜈蚣，直待病愈。

2. 胃肠炎

蜈蚣多在秋后、阴雨、低温时期患此病。

【发病原因】由于温度偏低，饵料霉烂变质，消化不良而引起。

【发病症状】该病的症状是腹泻。首先，由于炎症产生的有毒物质的刺激危害，使患病蜈蚣消化不良，必然导致腹泻，少吃或不吃饵料。其次，全身发生内中毒，头部充血呈紫色，行动缓慢。最后，常因体弱消瘦，无力爬行而死。剖检死蜈蚣可见肠黏膜潮红、脱落，体腔内有淡黄色的黏液，肠内粪便稀烂恶臭。

【预防措施】加强饲养管理，在秋后多雨低温期应补充光照，必要时可在10平方米饲养池中放上15～20瓦灯泡4只。同时应保持饵料新鲜，饮水清洁，湿度控制在40%。对发病蜈蚣除了及时调节温度、湿度外，还应把池中的病蜈蚣隔离治疗和将病死的蜈蚣尸体拣出抛弃。病情严重时，要用3%的福尔马林溶液或0.2%的高锰酸钾溶液喷洒池中的垛体，晾干后重新放入。

【治疗方法】

(1)清除饲养池表面的饲养土，换新饲养土。垛体用3%的福尔马林水溶液或0.2%的高锰酸钾水溶液浸洗消毒，晾干后重新放入。

(2)黄连粉2克，酵母片1克，全脂奶粉5克，溶于100毫升的温水中，摇匀后让蜈蚣饮用，每天1次，连用3天。

(3)用磺胺片0.5克研细后用饵料300克拌匀。另用氯霉素0.25克，饵料300克，拌匀，隔日错开喂食。

(4)用大黄苏打片3克，麸皮(炒香)50克，水60克，拌匀饲喂至痊愈。

3. 消化不良

【发病原因】消化不良是蜈蚣消化道机能发生障碍的一种生理性疾病，是由于饲养管理不良所引起的疾病，如投喂饵料不规律，时多时少，致使蜈蚣突然吃食过多，或投喂发霉变质的饵料，其中有毒物质对消化道产生的不利刺激。此外，由于饲养土温度过低，饮水温度太低也容易导致此病。

【发病症状】因为患病蜈蚣消化道中停留了大量的饵料，饵料在肠内过度发酵而产生大量的气体，所以患病蜈蚣肚大似腰鼓，腹部突起，活动迟钝，采食停止，严重时也会因过度膨胀而死亡。

【预防措施】平时加强饲养管理，早春和晚秋保持池内温度25℃，不喂给变质的饵料。

【治疗方法】

(1)酵母 1 克，奶粉 5 克，100 毫升温水，每日 1 次，治好为止。

(2)10 克蒜汁，100 毫升温水，每日 1 次，痊愈为止。

4. 消化道炎症

【发病原因】

(1)饵料腐烂变质：是引起蜈蚣消化道炎症最常见的原因，尤其在高温季节，由于蜈蚣饵料都是一些高蛋白的小动物，而且富含水分，多汁液。蜈蚣摄食死亡时间过长的小动物后，便会引起急性消化道炎症。

(2)饵料动物身体带毒：一般情况下，蜈蚣的常规饵料动物自身不会产生对蜈蚣有毒的毒性物质。饵料动物带毒主要是生长环境中存在有毒物质，侵入饵料动物体表，而饵料动物对该毒物不敏感或尚未侵入体内，因而尚未引起饵料动物的反应而使饲养者很难察觉，投喂后引起蜈蚣急、慢性消化道炎症。

(3)饵料投喂量掌握不好：偶尔投料过少，造成有些蜈蚣过度饥饿后，次日投喂量又猛增，致使这些饥饿的蜈蚣摄食过多。此时，若温度骤降，则摄食过量的蜈蚣必然会消化不良，食物在消化道中停留时间过长，发酵而引起炎症。

(4)气温变化幅度过大：在气温暴升陡降的季节，尤其在秋季，因为长时间的高温，使蜈蚣摄食量较大。如突然大风降温或连续几天低温降雨，经常造成蜈蚣消化道炎症。

【发病症状】受致病因素影响的蜈蚣同时发病是该病的特点。患病蜈蚣先是消化不良，腹部胀大、疲软，继而出现腹泻，食欲废绝，然后随着炎症产生有毒物质侵入全身组织内，蜈蚣发生内中毒，头部充血呈紫红色，全身瘫软无力，行动迟缓，毒钩全张，最后无力爬行，死于垛体之下或其他隐蔽处，很少死于饲养土中。解剖检查死蜈蚣，可见其肠膜潮红、溃烂，腹腔内有淡黄色液体，肠内粪便稀而且恶臭。

【预防措施】

(1)饲养蜈蚣最好投喂新鲜活饵料动物，发现饵料腐烂变质，千万不能投喂。

(2)对于配套自繁自养的饵料动物，在养殖过程中应注意饲养环境、饵料、饮水中不要使用一些可能导致蜈蚣生病的药物，如重金属性药物、某些消毒药水等，同时要保证饲养土、饵料、饮水甚至空气不被病原体污染。一旦发现染病饵料动物应分析检查致病原因或病原菌的种类、可能的感染范围，以决定该批饵料动物是否能使用。

(3)对于野外捕捉饵料来说，应尽量在那些没有农药、化肥及其他一些有害物质污染的地域捕捉饵料动物。捕捉时，还应检查该区域是否有同类动物死亡，以确定捕捉的饵料动物是否已患疾病等。

(4)在气温暴升陡降的季节，气温陡降时，应关闭门窗，必要时适当开启升温设施以保证气温相对稳定，但升温时注意不要造成饲养舍内烟尘污染或煤气污染。

【治疗方法】

(1)清池：将患病池中的蜈蚣全部清理，放于若干小容器内，根据具体症状表现，将它们分为健康群、可疑群与患病群进行隔离养殖，而池中的饲养土则全部清除出去更换新土。池中所有用品，如饮料盘、水盘或水槽、垛体等全面消毒、暴晒后再用。

(2)药物治疗

①磺胺脒 0.5 克，多酶片 0.6 克，饵料 200～300 克搅碎，三者

拌匀,每天投喂 1 次,连喂 3 天。

②黄连粉 2 克,多酶片 1 片,全脂奶粉 5 克,溶于 100 毫升温开水中,拌匀后,用海绵吸收,让蜈蚣吸吮,每天 1 次,连喂 3 天。注意海绵应每天更换,此种治疗方法主要针对小蜈蚣。

③氯霉素 0.25 克,复合维生素 0.5 克,饵料 300 克绞碎,药物压成粉与饵料拌匀,投喂,每天 1 次,连喂 3 天。

④复可安 0.5 克压成粉,500 克饵料绞碎,两者混拌均匀,每天投喂 1 次,连喂 2 天。

5. 腹胀病

常发生于早春和秋季阴雨连绵时期。

【发病原因】因温度偏低,蜈蚣受凉而导致消化不良。

【发病症状】病蜈蚣初期头部呈紫红色、毒钩全张、不食或少食、腹部胀大、行动迟缓,发病后 10～15 天开始死亡。

【预防措施】应保持好早春和低湿时期生长发育所需要的 20℃左右的温度,活动场地的湿度不可过大。

【治疗方法】

(1)用多酶片或食母生片 1 克,全脂奶粉 10 克加水 125 毫升溶解后,让其吮吸。此剂量可供 600 只蜈蚣喂至痊愈。

(2)大蒜 10 克,捣烂取汁,加入 100 毫升温水中投喂,每天 1 次,直至痊愈。

(3)复合维生素 B 加入 100 毫升温水中供吸吮,每天 1 次,直至痊愈。

(4)用磺胺片 0.5 片研细后加 300 克饵料拌匀,隔天喂食,直到病愈。

(5)用氯霉素 0.25 克加 300 克饵料拌匀,隔天喂食,直到病愈。

6. 脱壳病

【发病原因】由于蜈蚣栖息环境过于潮湿，空气湿度亦大，加之蜈蚣饵料营养不足，特别是矿物质饵料缺乏，造成蜈蚣体质弱，使脱壳时间延长。真菌在体内寄生，也会引起该病。

【发病症状】蜈蚣患病初期表现极度不安，来回爬动，或几条蜈蚣咬集在一起。后期活动无力，表现呆滞，不食不饮，死在饲养池四周。

【预防措施】加强饲养管理，及时将池中的蜈蚣尸体拣出抛弃。

【治疗方法】

(1)清除病死的尸体，隔离有病的个体进行治疗。转移健康个体，对原来的饲养池进行消毒。

(2)土霉素 0.25 克，食母生 0.6 克，钙片 1 片，拌在 400 克的饵料中，连喂 10 天病可治愈。

7. 蜈蚣咽喉部溃疡

该病是近年来才被发现的一种蜈蚣急性暴发性传染病。

【发病原因】由一种名叫“铜绿色假单胞菌”感染蜈蚣所致，该病多发于高温季节。

【发病症状】主要表现为口腔不能启闭，口内流出分泌物黏液。病蜈蚣不能采食、吞咽，精神委靡不振，最后衰竭死亡。

【预防措施】加强蜈蚣饲养管理，搞好环境卫生，不喂带菌饵料动物，仍是预防该病的有力措施。

【治疗方法】氯霉素治疗(氯霉素 0.25 克加 300 克饵料拌匀，隔天喂食，直到病愈)最为理想。另外也可应用复方新诺明、丁胺卡那霉素。

二、蜈蚣敌害的防治

野生蜈蚣的天敌很多，有蛙类、鼠类、夜行鸟类、某些爬行类、蚁类等，但在人工养殖尤其是室内养殖的情况下，只有鼠类、寄生虫、蚁类能构成直接威胁，而其他类在室外养殖时才会构成一定威胁。

1. 蚂蚁

蚂蚁对蜈蚣的危害较大，要注意预防。

【危害】少量的蚂蚁与健壮的蜈蚣遭遇时，它们会避而远之，但当蜈蚣蜕皮或孵出的幼小蜈蚣时，则常常成为大群蚂蚁的攻击对象。蚂蚁攻击蜈蚣时，先是少量的蚂蚁用上颚钳住蜈蚣的步足，使其行动不便，然后大群蚂蚁一起爬向蜈蚣身上较软的皮肤，将蜈蚣叮咬致死。蜈蚣卵更是蚂蚁向往的美味佳肴，因此，处于孵化中的雌蜈蚣是蚂蚁的主要攻击对象，而此时的雌蜈蚣又常常处于半冬眠状态，这使蚂蚁更容易得逞。因此，孵化池更需防止蚂蚁侵入。

【防治方法】

(1)建造蜈蚣池以前，地面土层夯实，防止蚂蚁打穴进入。饲养土要选用无蚂蚁、蚂蚁卵污染的泥土，制作、添加或更换饲养土时要用热开水泡过，然后放在阳光下暴晒，以杀灭混在泥土中的蚂蚁或蚂蚁卵。

(2)对于没有放养种蜈蚣的蜈蚣房(新建蜈蚣房或迁出后的空房)，将磷化铝放入池中，每平方米使用 5～10 粒，用薄膜封闭严实不可透气。时间控制在一天一夜即可，熏蒸完毕让养殖池通风1～2 天，以便药物挥发不残留。此药物对人、蜈蚣有害，必须小心使用。

(3)饲养室周围以及室内走廊要经常清扫，保持清洁卫生，携带饵料或其他物品进出时应仔细，不得在地上遗留蚂蚁喜食的汁液或饵料动物尸体、饵料等，以免招引蚂蚁。

(4)平常要仔细检查饲养舍或池内是否已有蚂蚁侵入，一旦发现蚂蚁侵入，则应立即消灭。消灭蚂蚁可采用下述方法：

①对于饲养舍内、饲养池外蚂蚁窝，可用3%的氯丹粉撒入蚁窝及其周围，杀死蚂蚁。

②对于饲养池内蚂蚁，可用食物诱杀。蚂蚁特爱甜食、蒸煮过的骨头等，可将这些饵料堆放于饲养池内，并点投放，每2～3小时处理一次，往往可以大量诱杀蚂蚁。

③蜂蜜、硼砂、甘油、水按1∶1∶1∶10的比例搅拌均匀，用微火加热溶化，放于纸上，投入饲养池内的活动场中，也可大量诱杀蚂蚁。

④生石灰、植物油、锯木屑按1∶1∶5的比例搅拌均匀，围绕饲养池周围撒一圈，可以防止蚂蚁进入池内。

⑤在蚁窝附近，放置煮熟的动物骨头，诱来大批蚂蚁，然后将爬满蚂蚁的骨头用钳夹起，扔进煤油桶中杀死，或直接投入火中烧死。把鸡蛋壳炒焦捣碎撒在养殖区四周，可阻止蚂蚁进入养殖区内。

⑥定期用生石灰或灭蚁药50份，碎锯木250份混合在一起拌匀，制成毒饵，撒在养殖池周围，防止蚂蚁进入。

⑦用卫生球粉50克，植物油50克，锯末250克，混合拌匀灭蚁。硼砂加白糖撒在养殖区四周，可毒死蚂蚁。

2. 粉螨

【危害】粉螨是一种体长不到1毫米的螨类动物，当它寄生在蜈蚣体表时，则引起蜈蚣粉螨病。在夏季高温天气里，如果饲养室或饲养池湿度过大，粉螨就会在此安家落户，大量繁殖后代。此时，若有蜈蚣正在蜕皮或有仔蜈蚣存在，由于其皮肤裸露，很容易造成粉螨寄生。粉螨寄生后，一方面它们吸食蜈蚣体液，消耗蜈蚣大量的营养物质使蜈蚣消瘦、衰竭而死亡；另一方面粉螨还产生毒素刺激蜈蚣，使其无法进行正常的摄食、饮水等生命活动的同时，由于粉螨咬破了蜈蚣的皮层，使蜈蚣容易感染病原菌而继发传染病。因此，在粉螨病发生时，如处理不及时常常诱发其他疾病。

被粉螨寄生的蜈蚣极度不安，常常在活动场或饵料土上独自漫无目的地快速爬行，有时回头试图舔背部，即使不向前爬行时，有些附肢也有“刨”、“扒”的动作，这种现象最先发生于刚蜕皮后的蜈蚣或当年出生的幼蜈蚣。随病程发展其他蜈蚣也开始发病，患病蜈蚣消瘦，衰竭而死，有时继发其他病原菌感染而死亡。

【防治方法】该病尚无很好的药物可以防治，因为能杀死粉螨的药物，往往对蜈蚣也有害。只能从管理上加以控制，可以从以下几方面入手：

(1)搞好饲养舍的通风透光、防暑降温工作，保持室内良好的饲养环境。

(2)饲养舍不堆放家什、杂物，工作服应经常浆洗暴晒，必要时进行高温处理以杀死其上可能附生的粉螨或螨卵。

(3)发现有粉螨发生，应将全池蜈蚣清理出来，清除原有饲养土，全池、全舍喷洒除螨药物，如敌百虫、三氯杀螨醇，并将饲养舍封锁一段时间再启用。

(4)发病蜈蚣群清出后，应将处于蜕皮期的蜈蚣、幼蜈蚣及可疑蜈蚣与健康蜈蚣分开，分别放入小面盆中，中断性地放于太阳下暴晒，以驱赶粉螨。每次暴晒时间在30分钟左右，暴晒后快速将蜈蚣逐条放入另一面盆中，原有盆消毒后再用。

(5)把一块带肉晒至半干的猪骨头于白天放入饲养土上或运动场所中，每2～3小时清除一次，有很好的诱杀效果。但此法不能用于未发病蜈蚣的预防，否则，有弄巧成拙的危险。

3. 老鼠

【危害】在蜈蚣大量外出活动的夜间，如果有老鼠窜入正在觅食的蜈蚣群中，老鼠不一定能取胜，往往会落荒而逃或成为蜈蚣聚餐的佳肴。但是，如果蜈蚣处于蜕皮期或处于冬眠期，此时老鼠窜入养殖池钻入垛体或饲养土中则会吃食大量蜈蚣，造成巨大的损失。

【防治方法】防除鼠害主要做好以下工作：

(1)养殖舍的门窗，不得有破损，墙壁不得有与外界相通的砖洞。如发现门窗破损或有砖洞及墙根边有洞，应立即检查室内是否已窜入老鼠，同时补好这些破损与洞口，门与墙壁、地面之间的缝隙要小，不让老鼠窜入。人离开饲养舍时应随手把门关严，窗户应安装铁网。

(2)饲养舍不得堆放家什、杂物，不给老鼠藏身之处，以便偶然老鼠闯入时能及时发现。

(3)有条件时，最好在每个饲养池上加盖防鼠铁丝网，以防从屋顶窜入的老鼠进入饲养池中。

(4)发现饲养舍内有老鼠应及时捕杀。

4. 石龙子

【危害】石龙子是一种爬行动物，具有 4 只足和 1 条长尾巴。在野外，常有石龙子与蜈蚣遭遇搏斗的情况，并常发现石龙子消化道内有蜈蚣残骸。在人工养殖条件下，也有石龙子侵袭蜈蚣的可能，应注意防止。

【防治方法】经常检查养殖场所，发现石龙子及时杀灭。

5. 铁丝虫

【危害】该虫寄生于蜈蚣的消化道内，甚至穿过肠壁，在肠外盘曲如铁丝状，因此而得名。该虫在蜈蚣体内吸食蜈蚣体液，造成蜈蚣大量营养物质损失，因而阻碍蜈蚣的正常生长，造成蜈蚣身体瘦小。

尽管该病不会呈暴发性发生，不会对蜈蚣养殖造成大面积危害，但随着人们对动物药品质量要求的进步，该病可能会成为影响蜈蚣商品质量的因素。

【防治方法】

(1)该病主要是减少或不喂蝗虫等昆虫类饵料，而改喂蚯蚓、黄粉虫等多汁饵料。保持饮水不被虫卵污染。

(2)频繁发现蜈蚣群中有铁丝虫寄生时，可用0.1克驱虫净研粉后拌入5克全脂奶粉中，共同溶解于100毫升热水中，用海绵吸取后供蜈蚣吸吮即可将该寄生虫驱除。

6. 鸡

鸡也会危害蜈蚣。鸡若进入饲养池，会扒开饲养土啄食蜈蚣，因此也应防止鸡窜入。

第七章　蜈蚣捕捉与产品加工

在人工养殖条件下，对蜈蚣适时加工、出售和保存，是充分利用养殖设备和场地，省工、省料，加速资金周转，提高经济效益的重要环节。

第一节　蜈蚣的捕捉与加工

雄蜈蚣一般在交配死亡后，直接进行加工处理，而雌蜈蚣一般是生长第4龄以后，因为此时大部分蜈蚣都已达到药用蜈蚣的体长标准了。除了选出一部分蜈蚣留种以外，其余的都可以当做商品蜈蚣进行加工处理。

一、蜈蚣的捕捉

1. 采收季节

对养殖者来说，除了雌蜈蚣产卵孵化期不得采收外，其他季节原则上均可采收。但如无特殊原因，一般在春末夏初，尤以惊蛰至清明前捕捉的质量较好。一方面，此时采收的蜈蚣体内食品、粪便等杂物较少，加工质量较好，药材部门也在集中收购；另一方面，此时也恰是蜈蚣选种选留、清池、做好本年度养殖预备工作的最好时期，结合这项工作搞好药用蜈蚣的采收，可收到事半功倍的效果。若"立夏"过后，雨水渐多，捕获到的蜈蚣容易生虫腐烂，且肉薄质差。

2. 采收准备

捕捉蜈蚣前要做好防护工作，穿齐鞋袜，戴上手套，扎紧袖口和裤管，谨防咬伤。

捕捉前先将竹片锯成长 15～20 厘米、宽 1.5 厘米的薄竹签备用。

3. 采收方法

(1)在晚上 8 点至次日凌晨 3 点为蜈蚣觅食时间。此时，可用竹夹、镊子或筷子夹起，放入准备好的容器内。

(2)可结合饲养土的更换、养殖池的清理进行，将池内饲养土逐块地清理出来，把每一块土都用镊子或竹筷彻底扒散，发现蜈蚣则轻轻夹起，放于容器内。

(3)在蜈蚣养殖池内，挖一"十"字形长坑，内放鸡毛、杂骨、马粪或鸟粪及一些腐败草类，上面覆盖树枝、土块或砖瓦片，引诱蜈蚣爬入。第二天早上检查，若有蜈蚣入坑即可捕捉。

4. 留种

根据种用目标选留种用蜈蚣，剩下的即做药用蜈蚣留待加工出售或继承养殖。用做药用的蜈蚣应达到药用的尺度，即体长达到 10 厘米以上。尚未成年的蜈蚣，虽也可以做药用，但其品质低些，收购级别也相应降低。

二、药用蜈蚣的加工

1. 穿蜈蚣

将选出的蜈蚣倒入盆内，用长、宽与蜈蚣相等、两端稍尖的薄竹片，一端刺入蜈蚣口腔下颚，另一端扎入蜈蚣尾部上端（彩图10），借竹片弹力，使其伸直，然后晒干。若遇阴雨天，可采用烘焙法，烘焙温度要控制在80℃以下，不得超过80℃。

2. 晾晒

首先翻晒时先晒竹片面，这是因为上午晒场湿度低不吸潮，下午晒场温度开始升高，吸潮能力强，则将蜈蚣翻面，晾晒蜈蚣，地面烤竹片，晒至竹片上的水分渗出。蜈蚣全干后存放回润，待装箱前按上法再晾晒一天，使竹片上的水分完全渗出，蜈蚣全面干燥，回润一夜即可装箱。

在加工时，注意不要使其折头断尾。一旦有掉头，尾、肢等均收起来，其药用价值不变。

三、药用全蜈蚣的分级

成品蜈蚣应足干，呈扁长状，头部红褐色，背部黑绿色，有光泽，并有2条突起棱线，腹部棕黄色，瘪缩，足黄色或红褐色，向后弯曲，最后一节如刺状，断面有裂隙或中空，气微腥，具刺鼻臭气，味辛而微咸，头尾部齐全，无破碎，无虫蛀，无霉变。

特级：完整成条，体长16.5厘米以上。

一级：完整成条，体长13厘米以上。

二级：完整成条，体长10厘米以上。

三级：完整成条，体长6.6厘米以上。

碎蜈蚣：干货为蜈蚣断条，单节或相连几节，背部墨绿色，腹部黄色，无杂质，无虫蛀，无霉变。

四、贮　藏

晒干分级后的蜈蚣，不要去掉竹片，以 50 条为一包（彩图 11），用薄纸包好，放在缸内存放，并在缸内放一些花椒、大蒜、山苍子或樟脑等，以防虫蛀。缸应放在干燥处，以免潮湿影响质量。放入缸内不能用硫磺熏，以免干蜈蚣在储存期间脱足、变色，降低品质。

五、出　售

除在本地药材公司、医院销售外，也可在河北安国药材市场、广州清平药材市场、江西樟树药材市场、西安万寿路药材市场、兰州黄河药材市场、成都荷花池五块石药材市场、安徽亳州药材市场、湖北靳春药材市场等地销售。

第二节　蜈蚣毒的采集、加工与贮藏

蜈蚣毒是近年来开发研究的一种生物毒素，尤其是活体取毒及其活性的研究与应用，大大提高了蜈蚣养殖的社会经济效益。

蜈蚣毒是蜈蚣颚肢毒腺的分泌液，为无色透明的黏稠液体，经冷冻干燥，所获得的粗毒素为白色或灰色粉末。

一、蜈蚣毒的采集

蜈蚣有一种防御敌害的本能反应，即在捕食或御敌时释放毒素来进行自卫。蜈蚣毒的采集就是依据这个道理进行的。

1. 采毒工具

采用活蜈蚣电刺激取毒方法，此法与蝎电刺激取毒法类似。蜈蚣采毒时可采用 YSD-5 型药理生理多用仪、塑料镊子（局部电刺激采毒法必须用塑料镊子，因钢制镊子导电，电流没办法通过蜈蚣，也就不能达到采毒的目的）、存蜈蚣桶（或存蜈蚣盆，大的用洗衣盆，小的用塑料脸盆）、集毒器具（含集毒盒、集毒杯）、冰块适量、乳胶手套、酒精、白色工作服、工作帽、口罩，桌子、椅子等。

2. 采毒季节

一般宜在蜈蚣生长发育旺盛的季节采毒。在自然条件下，5～10 月份是蜈蚣活动、觅食、生长、发育的最好季节，也是蜈蚣含毒量最多、品质最好的时节；到 10 月后，采毒量明显下降；到了冬季，蜈蚣已进入冬眠，不能排毒。若以温度作指标，在 20～39℃范围内均可采毒，低于 15℃时，则不宜采毒。若打破自然冬眠期，采取加温、控温措施养殖，可适当延长采毒期。

3. 采毒对象

一般宜选生长发育正常的 3 龄蜈蚣进行采毒。幼蜈蚣因采毒量小，影响正常生长发育不宜采毒；受精早期的孕蜈蚣可以采毒，但不能过度刺激；临产的雌蜈蚣不能采毒，会影响仔蜈蚣的成活率。

4. 采毒蜈蚣预处理

采毒时根据养殖方式的不同采用不同的方法把蜈蚣收集到大

的存蜈蚣盆内，将孕蜈蚣、仔蜈蚣、死蜈蚣挑出，同时把杂质挑出。

5. 采毒方法

目前局部电刺激取毒法已广泛应用于生产。采毒前都要把集毒杯放在装好冰块的集毒盒内（因为温度过高，蜈蚣毒内的活性酶会被破坏，利用冰块降温，可尽量保证采取蜈蚣毒的活性酶。冰块要根据融化的速度及时更换）。采毒前镊子用酒精消毒，集毒杯高温蒸煮消毒后沥干，在集毒盒内放好。

采毒时工作人员要穿戴洁净的白色工作服和工作帽，双手擦少许滑石粉后戴上乳胶手套。采毒前接通蜈蚣采毒器的电源，把蜈蚣采毒器的电压调到 25 伏，将采毒器的两根导线连接在塑料镊子的两个夹子上。将有脚踏开关的那根放在地上靠近右脚的位置，右手拿起镊子夹住蜈蚣头部，夹时不能太用力，以防夹伤。夹稳后将颚肢毒钩对准集毒杯口，脚踏开关通电 1～2 秒，通过电流促进蜈蚣排毒，立即抬脚断开电源即可。如颚肢毒钩尖端悬有毒液时，应立即在烧杯内壁上一拭，拭掉悬挂的毒液。

【注意事项】

①在采毒过程中，要严格注意卫生，确保采毒的纯度和质量。

②通电时间一定要保持在 1～2 秒，不得超过 2 秒，以免烧坏仪器和损伤蜈蚣。

③蜈蚣的排毒量随温度的变化高低而有差异。温度高时则排毒量相对较高，温度低时排毒量相对较低。当温度低于 20℃时，蜈蚣的排毒量则相当低，有的几乎处于停滞状态。当温度低于 10℃时，蜈蚣则停止排毒。因此，常温养殖蜈蚣要采毒，就必须在 5～10 月份气温高于 20℃以上时开始采毒。无论采用何种养殖方式，当养殖房（棚）的温度下降到 15℃以下时，要停止采毒。

6. 采毒量

每只成年蜈蚣可采毒 25 毫克左右。

7. 采毒周期

采集蜈蚣毒的周期,应根据蜈蚣体毒腺中毒液分泌的过程及所需要的时间而定。一般每 15 天可采一次毒,不能过于频繁,以免影响蜈蚣的正常生长发育。

8. 采毒后的饲喂

实验证明,采用局部电刺激法采毒对蜈蚣的体况影响不大,也不会影响下一次采毒或致蜈蚣死亡。采毒后的蜈蚣,要尽快放回蜈蚣池。为了使采毒后的蜈蚣恢复体力,应多喂一些黄粉虫等,增加营养,以利于下一次采毒。

9. 蜈蚣毒的存放

刚采得的蜈蚣毒为湿毒,其中含有大量的水分,可放在－10～－15℃的冰柜中暂时保存,但时间不能超过半个月。必须经干燥浓缩为干毒后,才能在低温下保存。

10. 湿毒的运输

若自己有蜈蚣毒干燥设备可自行加工,若没有须送到收购或加工部门进行加工。从养殖场运送新鲜蜈蚣毒液到收购、加工部门或检验部门,必须用广口保温瓶,瓶中加碎冰块降温携带。

二、蜈蚣毒的干燥与贮藏

1. 蜈蚣毒的干燥

蜈蚣毒液成分主要为蛋白质和酶类,容易失去活性。新鲜的蜈蚣毒液为乳白色,应尽快进行干燥。蜈蚣毒干燥的目的,就是尽量除去毒液中的水分,提高蜈蚣毒的稳定性,使之符合规定的标准,便于保存、分析或出售。

常用的干燥方法有两种：若要保持蜈蚣毒中酶的活力，应选用真空冷冻干燥；若仅为了保持毒性，则采用真空干燥即可。

(1)真空干燥(减压干燥)：在低压下，真空干燥是使蜈蚣毒液中的水分快速蒸发的方法。真空干燥装置包括真空干燥器、冷凝管和真空泵，干燥器顶部活塞接通冷凝管，冷凝管的另一端依次连接吸滤瓶、干燥塔和真空泵。蒸汽在冷凝管中凝集后滴入吸收瓶中。干燥器中放有干燥剂(如五氧化二磷等)和蜈蚣毒液样品。使用前，先在干燥器活塞四周涂上少许凡士林，然后检查整个装置是否漏气。使用时，先将蜈蚣毒液和干燥剂分别装入平皿中，然后置平皿于干燥器中，此时启动真空泵，抽气至盖子推不动时，先将活塞关闭，然后关闭真空泵。蜈蚣毒干燥后，应缓缓旋开活塞，以防止空气冲散蜈蚣毒干粉。最后在净化条件下取出干粉，立即分装，密封保存。

(2)真空冷冻干燥：干燥时先将烧杯内的液体蜈蚣毒放在冰箱内冰冻。冰冻后移入真空干燥器内，在干燥器的底层放适量的氧化钙作为干燥剂，干燥剂上面覆盖四层新纱布，纱布上面放置装有蜈蚣毒的烧杯，接着用真空泵抽气。抽气过程中，要注意观察，如果发现蜈蚣毒表面产生大量气泡，就要停止片刻再抽，直至基本干燥，再静放 24 小时，使蜈蚣毒彻底干燥，变成大小不等的颗粒结晶体为止。这就是初加工的粗品蜈蚣毒干粉。刮下干毒粉分装入小瓶，溶蜡密封，贴上标签，注明蜈蚣毒粉的制备日期和重量，外包不透明的黑纸。

2. 蜈蚣毒干粉的保存与运输

影响蜈蚣毒干粉稳定性的主要因素是水分、空气和温度。当干粉含水量低于 10%时，能抑制微生物活性；含水量低于 3%时，可抑制化学活性。所以，应将蜈蚣毒干粉分装在小瓶或试管中，并用熔封或石蜡封口，以隔绝空气，然后置于低温冰箱(－30℃)中保存，其品质可保持 5 年不变。

运送蜈蚣毒干粉至远处，也应采取广口保温瓶降温措施，以防蜈蚣毒蛋白质变性失活。

3. 蜈蚣毒的质量检验

销售蜈蚣毒制品必须提供权威性检验部门的检验报告书。目前，我国进出口商品检验部门尚无专门的生物毒素检验室，对毒素的检验尚无国家标准或行业标准。国家进出口商品检验局（武汉）曾与中华生物毒素联合开发中心、武汉大学毒素检验室签订协议，委托武汉大学毒素检验室代为执行此项检验任务，并具有权威性。

第三节　蜈蚣药方的制作

蜈蚣的机体由蛋白质、脂质、糖类、矿物质、微量元素等组成。其中，蛋白质含有多种游离氨基酸与水解氨基酸，以谷氨酸、亮氨酸、异亮氨酸、缬氨酸、苯丙氨酸、天门冬氨酸、精氨酸含量较高。蜈蚣的脂质部分以不饱和脂肪酸为主体，主要为油酸、亚油酸、亚麻酸、棕榈酸、十六碳烯酸等。

蜈蚣毒的化学成分与蜈蚣机体的化学成分差别较大。其主要成分是蛋白质（占干品的 86.23%），游离氨基酸为丝氨酸、脯氨酸、精氨酸。另外，还含有大量的组胺及溶血蛋白酶，这两种物质是蜈蚣毒的主要毒理成分，前者使被咬者产生强烈的刺痛感，并引起一系列的炎症反应，而后者则能使被咬者血细胞溶解。

蜈蚣毒不仅仅存在于蜈蚣的毒颚中，而且在其胸部及尾部的基板中也大量存在。因此，鲜活蜈蚣即使去掉毒颚仍旧有毒，仍不能大量服食。

鲜活蜈蚣与炮制后的蜈蚣其毒性有很大差别。炮制过程使毒性成分中的蛋白酶、组胺等大部分失活，因此炮制后的蜈蚣毒性已大为减低。下面列举一些医学验方供参考使用。

1. 甲沟炎

蜈蚣 1 条，雄黄、枯矾各 1.5 克共研细末。另取鸡蛋 1 枚，一端打破，倾出部分蛋清，以手指插入不再溢出为度，然后将研细的药末装入蛋内，搅匀，患指即从蛋端打破处插入，用小火沿蛋壳围烘 1 小时以上，使患指有湿热感。每日烘烤 1～2 次，烘治后用无菌纱布包扎，炎肿疼痛即可消退。一般治疗 1～5 天，可获痊愈；如烘治后局部迅速形成脓肿，可以无菌操作，切开排脓。

2. 蛇咬伤

白芷 50 克，雄黄 15 克，蜈蚣 3 条，樟脑 10 克，诸物研细末，以香油调敷患处。

3. 气管炎

蜈蚣 10 克，甘草 15 克，将蜈蚣研细末，用甘草煎水冲服，每日 2 次。

4. 慢性副鼻窦炎

蜈蚣 5 克，穿山甲 5 克，研细末，黄酒冲服，每日 2 次。

5. 鸡眼

用蜈蚣粉加冰片 3 克，敷于鸡眼上，敷上无菌纱布，以胶布封固，数日后可软化脱落。

6. 百日咳

用蜈蚣、川贝母各等份，研为细末，1～2 岁每次用 1.5 克，3～4 岁每次用 2 克，每日 3 次，连服 5～7 天。

7. 带状疱疹

蜈蚣 10 克研细末，麻油调匀，擦患处。每日 3 次，3～5 天可痊愈。

8. 癫痫

取蜈蚣、全蝎各等份，共研细末，每次服 1～3 克(按春秋季节、病情增减用量)，每日 3 次，开水送服。

9. 中风痉搐

蜈蚣 3 条，黄芪 18 克，当归 12 克，全蝎、羌活、独活各 6 克切碎，水煎服。

10. 骨髓炎

蜈蚣 10 条焙干，研粉，分为 7 份，装入胶囊，日服 1 份。亦可用蜈蚣适量压成片剂。

11. 口眼歪斜，肢体麻痹

蜈蚣 3 条，天南星 10 克，半夏、白芷各 10 克，将诸药研细末，加麝香少许混匀。每日 2 次，每次 3 克，黄酒送服。

12. 肝癌

蜈蚣、阿魏、五灵脂各 15 克，红娘(糯米炒)4.5 克，炙狼毒 9 克，蜂房 21 克，急性子 24 克，全蝎、僵蚕、木鳖子、威灵仙各 30 克，山慈姑 50 克，共研细末，水泛为软坚丸，每服 1.5 克，每日 2 次，温开水送服。能使症状缓解，肿块软缩，延长生存期。

13. 乳腺癌

蜈蚣 2 条，蜂房、海藻、昆布、天花粉各 9 克，土贝母、玄参各 15 克，牡蛎、夏枯草各 30 克切碎，水煎 2 次分服，每日 1 剂。能使肿块及结节软缩，肿痛消除。

14. 绒毛膜癌

蜈蚣2条，蜂房6克，白花蛇60克切碎，水煎服，每日1剂，2次煎服。能使肿块消除，转移症状缓减。

15. 白血病

蜈蚣、壁虎、蟾蜍各26条，水蛭、急性子各24克，徐长卿、韩信草各48克，七叶一枝花、金牛根、穿心连、虎杖、白花蛇舌草各90克，共为细末，和猪胆汁、马蹄子制成颗粒，压制成片，亦可制成丸剂，每服9克，日服3次。同时肝脾肿大处外敷消癌散(土半夏、生半夏、生南星、生栀子、生川乌、一支黄花、生草乌、穿心连、韩信草各48克，野香薷、芙蓉叶各90克，金牛根138克，共研细末，适量蜜调外敷患处)，每日换1次。如此内服外敷，迄症状完全缓解，肿块缩成，延长生存期。

16. 恶性淋巴瘤

蜈蚣、全蝎、生水蛭、雄黄、血竭、枯矾各30克，轻粉2克，硼砂、白硇砂、苏合油、白及各15克，共为细末，水泛为丸，绿豆大，每服3克，每日3次。能使肿块软缩，压迫症状缓解。连服3～6个月，可获较好效果，缓解期较长。

17. 胃癌

蜈蚣5条，三棱、莪术、枳实各12克，海藻、昆布各15克，水蛭24克，银花90克切碎，水煎3次分服，白糖调服。开始时或有恶心、闷胀等副作用，继续应用，可以缓解。坚持6个月，可使胀痛等症状消失，肿块软缩，溃疡平复，病情显著好转。

18. 食管癌

蜈蚣5条，大枣5枚，全蝎6克，半夏、沙参、旋复花、鸡内金各9克，山药15克，夏枯草、紫草根、白茅根、白花蛇舌草各30克，半支莲 60 克切碎，水煎 3 次，合并煎液，加蜜糖 120 克，浓缩，分 3 次服。能使癌肿逐渐缩小，吞咽顺利。继续服药 4 个月，症状基本消失，获近期痊愈。

19. 鼻咽癌

蜈蚣 3 条，炮甲、土鳖虫、地龙、三七各 3 克，研细末，用米酒服，分 3 次，送服辛夷散（辛夷、细辛、藁本、升麻、川芎、木通、防风、羌活、白芷、炙甘草各等份，共研细末），每次 3 克。同时用山苦瓜液（山苦瓜 10 克切碎，浸于 75％酒精与蒸馏水各 25 毫升的混合液中，3 天后，再加蒸馏水 50 毫升，搅匀，用消毒纱布过滤去渣，加甘油 20 毫升）滴鼻，每日滴鼻 3～6 次，每次 2 滴。坚持至肿块缩小，头痛、鼻塞等症状基本消失。

第四节　蜈蚣食谱的制作

近年来，由于人们在饮食方面对营养、风味和保健功能越来越讲究，有不少饭店推出了蜈蚣菜谱，这也是蜈蚣产品的重要销路之一。它吸引了不少养殖场与饭店建立供销关系，既增加了养殖场与饭店的收入，也有益于消费者的健康。目前在全国各地都有各具特色的蜈蚣食品。据有关人士预测，蜈蚣食用市场将比药用市场更大。

一、活蜈蚣的运输

活蜈蚣运输基本同活蝎运输，供应饭店的活蜈蚣根据需求随时都可以捕捉。活蜈蚣的运输不仅要保证运输途中的成活率，而且还要保证到达目的地后的成活率。因此活蜈蚣的运输要与所运蜈蚣的数量、大小及路程远近而采用不同的方法。一般每个容器以 0.15 平方米的底面积装 500～600 条为宜。

1. 塑料桶(箱)运输

塑料桶(箱)运输长途或短途都可适用。如果需运输的活蜈蚣只有 10 千克左右,可用带盖塑料桶运输。同时根据桶大小适当增减。

装桶(箱)时先将塑料桶(箱)盖用烧红的铁丝穿洞,也可以用电钻穿洞,洞穿得越多越好,洞的大小以不让蜈蚣逃出来为宜。穿洞的目的是为了通风透气。然后在塑料桶(箱)中装入几块消毒好的鸡蛋托,鸡蛋托的高度离桶口 5 厘米左右(一是为了不让蜈蚣互相挤压;二是能使塑料桶内形成一个暗的环境,避免蜈蚣见光乱爬乱动,产生应激反应)。装好蜈蚣后把桶(箱)盖盖上,两对角粘上透明胶或包装带,使盖不能打开。这样形成了两个防逃的保障,即蜈蚣在开盖时不能爬上塑料桶,方便装蜈蚣,而盖上盖后,即使桶(箱)意外倒伏,蜈蚣也不能从里面爬出来。若长距离运输可在桶(箱)中放些饵料虫。

2. 塑料盆运输

塑料盆运输一般选用方形塑料盆,因方形盆能重叠多层,而若只放一层可用圆形塑料盆。方形盆用装面包糕点的那种就可以。

塑料盆装蜈蚣时首先在塑料盆离盆口 2 厘米处,沿四周打 1 排或 2 排孔,打孔方法、大小及数量同桶装法。把消毒好的鸡蛋托放到塑料盆中,然后把蜈蚣倒进去,规格为 60 厘米×40 厘米×30 厘米的盆可装 3 千克,可根据盆大小适当增减。若量不是很大,用不着叠装多层,可在盆口封上纱窗网,而盆口周围不再打孔。但是用这种盆运法基本采用叠装法,即一个方形盆叠一个方形盆,高度一般 3～4 层,要求稳固不倒即可。为了增强盆的稳固性,每一叠盆的盆与盆之间、每一叠与每一叠之间可用 5 厘米宽的透明胶或包装带连好，这样把所有盆连成一体，非常牢固。

这种方法可长途运输，若是盆中放些饵料虫，一般 3～5 天问题不大。

3. 编织袋运输

编织袋运输准确地说是尼龙编织袋及运输箱运输。该法适用于大量运输，但运输途中不宜超过 1 天，更不能超过 2 天。

运输前先把蜈蚣装入洁净、无破损的尼龙编织袋中，然后把编织袋平放在运输箱中，运输箱要具备良好的通风性能（四周打孔）。蜈蚣放好以后用透明胶带或包装胶带封好。在运输过程中要尽可能地减少颠簸。夏季运输时要注意预防高温，冬季要防寒。

二、蜈蚣的临时存放

(1)将活蜈蚣放置于桶、深点的盆即可，底部铺一层潮湿的细沙。

(2)一次性将蜈蚣炸熟放入袋中封口，存放于冷冻柜中，食用时取出即可。

(3)将活蜈蚣放在密闭容器内，直接放入冰箱冷冻室贮存，需要食用时取出洗净加工即可。

三、蜈蚣食谱

加工时清洗和取拿活蜈蚣，不要直接用手拿，一定要用筷子夹到盆内倒入 70℃左右的热水，将蜈蚣烫死。

1. 炸蜈蚣串(彩图 12)

【原料】活蜈蚣适量，食用油，盐水。

【制作】活蜈蚣用70℃左右的热水烫死，再把尾端剪去，挤出粪尿，用盐水腌制15分钟后，用一根竹签或铁签穿上，放在油锅中炸，保持小火，慢慢翻动，炸至表皮蓬松酥焦时捞出即可。

2. 油炸蜈蚣

【原料】活蜈蚣100克，食用油150克，盐水适量。

【制作】将蜈蚣用70℃左右的热水清洗干净，然后用笊篱把蜈蚣捞出沥干水分，均匀撒入适量细盐，腌制15分钟至半小时。取适量油放入锅内，待油开(一定要小火，油温不可过热)。油开后将蜈蚣倒入锅中炸，保持小火，慢慢翻动，炸至表皮蓬松酥焦时捞出拌入佐料即可食用。

3. 蜈蚣炖泥鳅

【原料】泥鳅10条，蜈蚣5条，豆腐干300克，黄酒、醋、葱末、味精、盐、姜各适量。

【制作】将泥鳅洗净，除去内脏，切成段。将豆腐干切成块状，与泥鳅、蜈蚣共放在沙锅内，投入适量食盐、醋和少许姜片，加盖，置于小火上炖。随水温升高，泥鳅、蜈蚣的香味便进入豆腐里。待泥鳅炖酥后，放入黄酒稍煨，即下葱末、味精，起锅上桌即可食用。

4. 雪菜蜈蚣汤

【原料】蜈蚣450克，雪菜(咸菜)220克，冬笋35克，香菇15克，鸡粉6克，姜片10克，色拉油35克，料酒12克，鸡汤550克，香葱段15克，盐7克，味精8克，白糖4克。

【制作】蜈蚣处理干净，咸菜切长3厘米小段，香菇切厚0.5厘米的片，冬笋切长3厘米、宽0.5厘米的粗丝。锅内放入色拉油，烧至七成热时放入姜片小火煸香，入咸菜、香菇片、冬笋丝，小火煸炒半分钟，烹料酒炒香，再入鸡汤小火烧开，再入蜈蚣小火烧2分钟，用盐、味精、白糖、鸡粉调味，撒香葱段出锅即可。

5. 蜈蚣酒

【原料】金头蜈蚣3～5条，60度米酒500克。

【制作】将蜈蚣用热开水烫死后，再用淡盐水冲洗干净，整条浸泡在60度米酒中，浸泡3个月即可。

参 考 文 献

1. 高其双．蜈蚣、地鳖虫的养殖与加工技术．武汉:湖北科学技术出版社,2008
2. 龚泉福．药用蜈蚣:少棘蜈蚣．上海:上海科学技术出版社,1986
3. 李志英．蜈蚣饲养及其应用．北京:科学技术文献出版社,2003
4. 赵渤．蝎子、蜈蚣养殖实用技术．北京:中国农业出版社,2002
5. 向前．蜈蚣高效饲养指南．郑州:中原农民出版社,2002
6. 张崇洲,等．蜈蚣养殖技术．北京:金盾出版社,2011